模糊水文水资源学

王文川　张小丽　徐冬梅　编著

中国水利水电出版社
www.waterpub.com.cn
·北京·

内 容 提 要

本书在介绍模糊水文水资源学的科学意义、哲学基础与工程基础之上，系统介绍了模糊水文水资源学的相关概念与定义、模糊水文水资源学的理论与模型及相关应用，主要包含以下内容：模糊水文水资源学的科学意义与基础、模糊水文水资源学的相关概念与意义、模糊水文水资源学的理论与模型、模糊聚类分析的理论与应用、模糊识别模型的概念及其应用、可变模糊评价方法及其应用、模糊优选模型的概念及其应用、模糊优选神经网络模型在水资源价值评价中的应用。

本书可作为水文学及水资源、环境科学、水利工程等专业的高年级本科生、研究生以及相关领域教学、科研与工程技术人员的参考书和工具书。

图书在版编目（CIP）数据

模糊水文水资源学 / 王文川，张小丽，徐冬梅编著. -- 北京：中国水利水电出版社，2019.6
ISBN 978-7-5170-7806-7

Ⅰ. ①模… Ⅱ. ①王… ②张… ③徐… Ⅲ. ①模糊数学－应用－水文学－研究②模糊数学－应用－水资源－研究 Ⅳ. ①P33②TV211

中国版本图书馆CIP数据核字(2019)第139026号

书　名	模糊水文水资源学 MOHU SHUIWEN - SHUIZIYUANXUE
作　者	王文川　张小丽　徐冬梅　编著
出版发行	中国水利水电出版社 （北京市海淀区玉渊潭南路 1 号 D 座　100038） 网址：www. waterpub. com. cn E - mail：sales@waterpub. com. cn 电话：(010) 68367658（营销中心）
经　售	北京科水图书销售中心（零售） 电话：(010) 88383994、63202643、68545874 全国各地新华书店和相关出版物销售网点
排　版	中国水利水电出版社微机排版中心
印　刷	北京瑞斯通印务发展有限公司
规　格	184mm×260mm　16 开本　8.75 印张　213 千字
版　次	2019 年 6 月第 1 版　2019 年 6 月第 1 次印刷
印　数	0001—1000 册
定　价	**36.00** 元

前言

水文现象是一种自然现象。它具有确定性与非确定性两个基本的方面。水文现象的确定性是指影响现象发生、发展与变化的诸多复杂因子的综合物理过程。水文现象的非确定性主要是指现象发生的随机性及对现象发展与变化的中介过程划分或识别中的模糊性。对水文现象的非确定性的传统理解为现象发生的随机性，这显然是不符合客观实际的。事实上，年径流现象的丰与枯、水质的清洁与污染、流域自然地理条件的相似与相异、河流的汛期与非汛期、暴雨与特大暴雨、干旱与湿润、洪水过程线的典型与不典型、水汽供应充分与不充分等，都找不到明确的划分或识别的界面。水文现象与概念从共维差异的一方到另一方，中间经历了一个连续过渡过程，这是差异在共维条件下的中介过渡性，由中介过渡而产生划分或识别上的非确定性就是水文现象与概念的模糊性，只考虑确定性与随机非确定性，常常不能完整地表述水文水资源系统的特征。如何描述水文水资源系统中这种模糊不确定性，就成为利用好水资源以缓减水资源的供需矛盾中一个有现实意义和理论意义的课题。

在这种背景下，大连理工大学陈守煜教授，带领其学生系统地开展了模糊水文水资源学的研究与实践，主要过程可概括为以下三个阶段。

第一阶段：模糊水文学新学科的建立（后扩展为模糊水文水资源学）。

1987 年 10 月在中国西安召开的全国水文情报网网员代表大会以及 1990 年 9 月在波兰华沙召开的国际水文学与水资源非确定性新概念学术会议上，陈守煜教授提出水文水资源新的分支学科——模糊水文学，并系统地介绍了水文水资源学科中的模糊不确定性；1988 年在大连理工大学学报第一期发表学术论文《模糊水文学》；1990 年、1992 年相继出版了专著《模糊水文学与水资源系统模糊优化原理》《水文水资源系统模糊识别理论》。

第二阶段：创造性地提出动态的相对隶属度、隶属函数的概念。

经典的模糊数学难以直接用于水文水资源这个学科领域，主要原因在于它是静态的。因此陈守煜教授于20世纪90年代初期创造性提出动态的相对隶属度、隶属函数的概念，建立模糊优选、模糊识别、模糊聚类等以相对隶属度概念为基础的动态的模糊概念理论、模型与方法；1994年出版专著《系统模糊决策理论与应用》，该书获得第9届中国图书奖；同时，建立模糊水文水资源的数学理论——工程模糊集，于1998年出版两本专著《工程水文水资源系统模糊集分析理论与应用》和《工程模糊集理论与应用》。

第三阶段：创建工程可变模糊集理论，率先给出可变模糊集的三大哲学基本规律。

2005年陈守煜在大连理工大学学报发表论文《工程可变模糊集理论——模糊水文水资源学的数学基础》，首次提出可变模糊集的概念、理论与模型；2005年出版专著《水资源防洪系统可变模糊集理论与方法》，以此为基础，2009年出版《可变模糊集理论与模型及其应用》，是国内外第一部可变模糊集理论与模型及其应用的学术专著，并第一次推导出数学定理——质量互变定理；2010年又率先给出可变模糊集的三大哲学规律的数学定理，用严密的数学方法表达了唯物辩证法三大规律——对立统一规律、质量互变规律、否定之否定规律，并成功地应用于水文水资源学科领域；2011年在《水利学报》第3期上以首篇论文发表了《基于对立统一与质量互变定理的水资源系统可变模糊评价新方法》。

2014年2月28日凌晨，我国著名水文水资源学家、工程模糊集创始人陈守煜先生走完了他84岁的人生。作为陈守煜老师的学生，甚至学生的学生，本书的编者曾多次聆听陈老师的教诲与指导，也一直想把陈守煜老师的思路与内容总结成一本书。在这种思想的指引下，我们整理了模糊水文水资源这本书，其目的想把陈守煜老师的思路系统化，可以为研究生及相关专业科研工作人员的研究与应用提供一定的参考。本书除编者的研究内容之外，更多的是对前人工作的总结和介绍，书中大量引用了相关论著、论文成果，但由于相关成果较多，难免有挂一漏万之嫌，在此也请相关成果作者多多包涵，也对有关作者表示衷心感谢。在此书成稿之际，要特别感谢教过、指导过我们的王本德教授、邱林教授、周惠成教授、聂相田教授、程春田教授、王国利教授，也借此机会纪念陈守煜教授。

感谢国家自然科学基金项目（51509088，51709108）、河南省高校科技创新团队（18IRTSTHN009）、河南省高等教育教学改革研究与实践项目、华北水利水电大学2016年研究生核心课程“模糊水文学”、河南省水环境模拟与治理重点实验室（2017016）等项目对本书编写及出版的资助。限于著者水平有限，书中难免出现不妥之处，恳请读者予以批评指正。

华北水利水电大学

王文川　张小丽　徐冬梅

2019年1月

目录

第1章　模糊水文水资源学的科学意义与基础

1.1　模糊水文水资源学的科学意义

模糊数学是研究模糊现象及其概念的新的数学分支学科。模糊性应理解为一种被定义了的概念，即客观事物处于共维条件下的差异在中介过渡阶段所呈现的“亦此亦彼”性。经典数学（如微分方程等）是表达现象确定性方面的数学工具，在生产实践与科学研究中是绝不可无的强有力的工具。在很长一段时期内，现象的非确定性仅仅被理解为随机性的一个侧面，人们在生产实践与科学研究中广泛应用随机数学处理现象的随机不确定性。现象的模糊性，长期受普通集合论只能描述“非此即彼”、非0即1二值逻辑框架的束缚，在生产实践与研究工作中实际上被忽视。有时这种忽视很不符合现象的实际情况。

模糊数学的出现，使人们对现象的非确定性的理解有了拓广与深化。现象的非确定性不仅有随机性，而且还有模糊性，且两者有着本质的区别。模糊性是排中律的破缺所造成的非确定性，概念本身没有明确的外延，一个对象是否符合这个概念难以确定，是由于概念外延的模糊所造成的划分或识别上的非确定性。

水文水资源系统既有受控于流域的水文气象、自然地理、植被覆盖等确定性因素影响的主导方面，又具有不确定性（即随机性与模糊性）的方面。模糊现象、概念在水文系统中大量存在，诸如江河的汛期与非汛期，年径流量的丰与枯，水质的清洁与污染，流域的相似与相异，暴雨、径流、洪水过程的典型与不典型，水位流量关系的稳定与不稳定等。因此，经典水文学考虑水文现象、水文概念的确定性分析与随机不确定性分析，忽略或不考虑模糊不确定性分析，常不能完整地表述水文水资源系统的特征。因此要完善地从发展中表达水文水资源系统，只承认“非此即彼”还不够，还应该在适当的时间和空间承认“亦此亦彼”，否则，将是研究方法论上的一个欠缺。因此，研究模糊水文水资源学是一个进步，具有重要的科学意义。下面以水文系统中汛期的分析为例来说明这一点。

长期的水库调度实践使人们认识到既要确保水库及其下游的防洪安全，又要不失时机地多蓄水保证兴利用水，一个重要的课题是研究汛期的变化规律。

国内外对汛期的传统描述是根据对水库所在流域的水文气象条件，历年暴雨、洪水等资料的分析，硬性规定汛期的起止时间。这种“要么是汛期，要么不是汛期”的汛期表示方式，以“非此即彼”的普通集合论为理论基础。在这一理论指导下的汛期描述方式是很长时期内水库洪水设计的基础。如中华人民共和国成立后修建的官厅、大伙房、海龙、清河、岳城、丹江口和碧流河等水库皆在确定的汛期起止时间取洪水样本进行频率分析，求全汛期设计洪水。调洪计算求出的水库汛限水位、调洪方式及规则，要求调度人员在全汛期必须严格遵守，这种“非此即彼”的汛期描述方式，严重影响了水库兴利效益的发挥。如大伙房水库 1960 年来水为 $30\times10^8\,m^3$，是多年平均径流量的 2 倍，当年弃水 $14\times10^8\,m^3$，汛后蓄水量比兴利库容少 $2\times10^8\,m^3$。因此，以普通集合论为理论基础硬性规定汛期起止时间的描述方式，是造成我国部分地区，尤其是北方缺水地区水库汛期不敢蓄水，汛期过后又蓄不上水，共用库容很难合理利用，有限、紧缺的水资源未能有效利用的一个重要原因。

事实上，河流由非汛期逐步过渡到汛期，再由汛期逐渐过渡至非汛期，是属于模糊现象的范畴，其间存在着两个过渡阶段，应该用模糊集理论加以分析。所以，汛期的模糊集分析不仅必要，而且有助于水文科学的发展。类似的分析还可以列举很多，如河流的水质评价、预测问题。由于水质过程是物理、生物化学与水文现象的综合，其中不仅存在着随机不确定性的干扰，而且在水质评价、预测的等级——清洁、轻污染、中污染、重污染、严重污染的划分中具有模糊性。因此，模糊水文水资源学的研究无论是理论上还是实践上都具有重要的科学意义。

1.2　模糊水文水资源学的哲学基础

自然界一切物质系统都处于动态变化、永恒地产生和消灭的演化过程中。演化是自然界物质系统运动的客观规律。自然界一切旧物质系统的毁灭并代之以新物质系统是不可避免的规律。科学研究提供的大量资料表明，毁灭后物质系统的重新产生，都必须经过一个过渡阶段，在过渡阶段中形成过渡性或中介现象的系统形态。在物质系统发展过程中，中介表现为转化的中间环节是客观存在的。

在天体的演化中，从星云转化为恒星要经过过渡阶段。在此过渡阶段中产生的天体是似云非云、似星非星的过渡天体。1946 年，在玫瑰星云里发现的球状体就是原始星云向恒星转化中的过渡天体。赫比格哈罗天体是半云半星、更近于恒星、正在迅速变化中的过渡天体。不久前，美国基特峰天文台发现的红外星，质量为太阳的 20 倍，直径为 3 亿多 km，它也是即将转化为恒星的过渡天体。

在生物的演化过程中，同样经历着这种过渡阶段，产生各种过渡形态的生物。如无脊椎动物演化为脊椎动物的过程中就存在着过渡形态的生物物种。文昌鱼无脊椎、无骨骼，但有脊索，它比无脊椎动物进步，又比脊椎动物低级，既具有前者的特征，又具有后者的特征。

物质系统之间存在这种过渡形态或中介现象构成物质系统演化的前后相继、持续不断的发展过程。

恩格斯在《自然辩证法》中对自然系统演化过程中出现的这种过渡形态作了深刻的论述。他指出：“一切差异都在中间阶段融合，一切对立都经过中间环节而互相过渡，对自然观的这种发展阶段来说，旧的形而上学的思维方法就不再够了。辩证法不知道什么绝对分明的和固定不变的界限，不知道什么无条件的普遍有效地‘非此即彼’，它使固定的形而上学的差异互相过渡，除了‘非此即彼’，又在适当的地方承认‘亦此亦彼’，并且使对立互为中介。”

1965年Zadeh提出的模糊集合概念，是对物质系统在中介过渡阶段所呈现出的模糊事物、模糊现象及其反映的模糊概念的科学描述，是对那些没有固定边界的系统整体的抽象描述。因此，模糊集合论有着深刻的系统辩证哲学基础，是研究和处理模糊性现象新的数学分支。

一个人从出生到死亡，在通常情况下，经历幼年、少年、青年、中年、老年等中介过渡阶段，这些中介过渡概念为动态的模糊概念。对动态可变的模糊事物、现象、概念的研究与识别是科学研究思维与方法论的进步与完善，是科学向更高层次发展的一个标志。《辩证唯物主义历史唯物主义》一书中指出：“一定的事物只有在一定条件下才能产生，在一定条件下得到发展，再在一定条件下趋于灭亡。”离开一定的条件、地方和时间，甚至不能弄清“下雨是对我们有利还是有害”这样一个简单的问题。因此，考虑在一定条件下时间、空间上模糊概念（事物、现象）的模糊可变性，是模糊水文水资源学理论的核心。

1.3　模糊水文水资源学的工程基础

大气中水汽、地表上的江河湖海、渗入地下的地下水等水流，每时每刻都在运动变化。水文学研究自然界这些水体运动变化的规律，其中，许多现象、事件、概念具有模糊性。如汛期与非汛期、洪涝与干旱、丰水与枯水、清洁与污染等，这些现象、概念不仅有模糊性，而且在一定时间、空间条件下具有可变性，汛期就是可变模糊概念的典型例子。经典水文学不研究水文现象的模糊性及其可变性，这些研究需要由模糊水文水资源学来承担。

随着人类社会生产、经济的不断发展，水从“取之不尽，用之不竭”的“天赐水”，变为“紧缺、有偿的水资源”。同时，由于人类规模空前的生产、经济活动，严重影响着大气层结构变化等许多环节，出现了全球气候变暖、冰川融化加剧、土地沙化、沙尘暴等一系列生态环境恶化现象，并直接影响到水的大、小循环及循环的各个环节。在这样的现实背景下，兼有自然与社会双重属性、具有再生性的水资源的可持续利用及其对策，是水资源学的重要内容。水资源利用的可持续性与不可持续性、水资源承载能力的强与弱等概念，都是可变的模糊概念。水文水资源学的研究需要有新的数学理论、模型与方法作为基础。这是提出创建模糊水文水资源学的实际工程背景。分析计算水文水资源学科中的可变模糊现象、事件与概念，是模糊水文水资源学的研究内容与任务，是创建模糊水文水资源学的目的。

第2章 模糊水文水资源学的相关概念与定义

2.1 概述

在普通集合论中，一个对象对于一个集合，要么属于，要么不属于，二者必居其一，且仅居其一，绝不模棱两可。当一个集合用特征函数 χ 来表示时，可用式（2.1）表示元素 x 是否属于集合 A。

$$\chi_A(x)=\begin{cases}1, & x\in A\\ 0, & x\notin A\end{cases} \tag{2.1}$$

这就限定了普通集合论只能表现“非此即彼”的现象，只能表现确定概念。

为了能够表示具有“亦此亦彼”性的模糊现象与模糊概念，Zadeh将普通集合论中元素 x 对于集合 A 隶属关系特征函数的取值范围从 $\{0, 1\}$ 拓展至 $[0, 1]$。从而得出了模糊集合（也称模糊子集）的概念。

在模糊集合论中通常将特征函数定义简单地拓广为隶属函数定义。

设 U 是论域，$\underset{\sim}{A}$ 是 U 的一个模糊子集，$\underset{\sim}{A}$ 的隶属函数 μ_A 定义为

$$\begin{aligned}&\mu_A:U\rightarrow[0,1]\\&\mu\mapsto\mu_{\underset{\sim}{A}}(\mu)\in[0,1]\end{aligned} \tag{2.2}$$

此定义的缺点是概念的唯一性未能完整地反映模糊集合论的基本特点——中介过渡性。如果将上面定义中的论域 U 变换为概率空间，$\underset{\sim}{A}$ 为 U 中的一个子空间，只要提法略作改变，就可描述事件发生的概率。众所周知，随机性服从排中律，在每次随机实验中，某一随机事件要么发生要么不发生，不存在第三种情况，是“非此即彼”的。作为排中律破缺的模糊性不服从排中律，存在着许多甚至是无穷多种的中介状态，是“亦此亦彼”的。因此，描述模糊性的隶属函数定义，仅简单地将普通集合论的特征函数定义加以拓广，致使隶属函数的具体确定成为实际应用中的难点。

2.2 模糊性概念的定义

模糊性是模糊集合论中一个最基本的概念。经典模糊集合论将模糊性概念概括为“模糊性的根源在于客观事物的差异之间存在着中介过渡的‘亦此亦彼’性”。它指出了模糊性概念基本特点，但没有对客观事物的差异加以限定。因为事物间的差异并不一定具有中介性。差异是事物存在中介性的必要条件，但不是充分条件。风与马有着显著的差异，但

其间并不存在中介性或中介过渡性。因为两者缺乏本质上共同的东西作为维，即没有共维的条件。优与劣具有差异，且共同存在着“价值”的维，因此，优与劣具有中介性，可见，只有在本质上属于共维条件下的差异，才具有中介性。为此陈守煜教授把模糊性概念定义如下。

定义 2.2.1：客观现象、事物、概念处于共维条件下的差异，在中介过渡时所呈现的“亦此亦彼”性，称为模糊性。符合模糊性定义的概念称为模糊概念。

2.3 隶属度和隶属函数的定义

模糊集合论中用隶属程度来描述中介过渡，是以精确的数学语言对模糊概念的一种科学表述[1]。模糊集理论与应用研究中一个关键问题是如何科学地、符合实际地确定模糊集合中每个元素对于模糊概念的隶属程度。从 20 世纪 60 年代中期提出模糊集概念至今，这个问题未获得突破性的进展，而成为模糊集合理论进一步发展的障碍。所以，Zadeh 创立的模糊集合关于隶属度、隶属函数的概念与定义式（2.2）在理论上存在着唯一化与绝对化的缺点。此外，定义式（2.2）是从普通集合论的特征函数定义推广而来，简单地以映射形式表示，未完整地反映模糊概念处于中介过渡段的本质特征。为此陈守煜教授首先给出绝对隶属度、绝对隶属函数的定义，然后给出相对隶属度、相对隶属函数的定义。

2.3.1 绝对隶属度、绝对隶属函数定义

定义 2.3.1：设论域 U 上的一个模糊概念 $\underset{\sim}{A}$，分别赋给 $\underset{\sim}{A}$ 处于共维差异的中介过渡段的左、右端点（称极点）以 0 与 1 的数。在 0 到 1 的数轴上构成一个［0，1］闭区间数的连续统。对于 U 中的任意元素或 $u \in U$，都在该连续统上指定了一个数 $\mu^0_{\underset{\sim}{A}}(u)$，称为 u 对 $\underset{\sim}{A}$ 的绝对隶属度，简称隶属度。映射

$$\begin{aligned}\mu^0_{\underset{\sim}{A}}&: U \to [0,1]\\ u &\mapsto \mu^0_{\underset{\sim}{A}}(u)\end{aligned} \tag{2.3}$$

称为 A 的绝对隶属函数，简称隶属函数。

2.3.2 相对隶属度、相对隶属函数定义

定义 2.3.2：设 U 为论域，u 为 U 的任意元素，$u \in U$，事物 u 的一对对立模糊概念，或 u 对立的两种基本模糊属性：$\underset{\sim}{A}$、$\underset{\sim}{A}^c$。分别赋给 $\underset{\sim}{A}$、$\underset{\sim}{A}^c$ 处于共维差异中介过渡的两个端点（或称极点）以 1、0 或 0、1 的区间数。在 1、0 到 0、1 的数轴上构成一对［1，0］与［0，1］闭区间数的连续统。对于 U 中的元素 u，都在该连续统的任一点上指定了一对数 $\mu_{\underset{\sim}{A}}(u)$，$\mu_{\underset{\sim}{A}^c}(u)$，称为 u 对 $\underset{\sim}{A}$、$\underset{\sim}{A}^c$ 的相对隶属度。映射为

$$\mu_{\underset{\sim}{A}}、\mu_{\underset{\sim}{A}^c}: U \to [0,1] \quad u \mapsto \mu_{\underset{\sim}{A}}(u)、\mu_{\underset{\sim}{A}^c}(u) \in [0,1] \tag{2.4}$$

如图 2.1 所示，映射式（2.4）的动态变化用数的连续统表示。它形象地展现了论域 U 中的任意元素 u，对对立模糊概念 $\underset{\sim}{A}$、$\underset{\sim}{A}^c$ 相对隶属函数 $\mu_{\underset{\sim}{A}}(u)$，$\mu_{\underset{\sim}{A}^c}(u)$ 的变化过程。

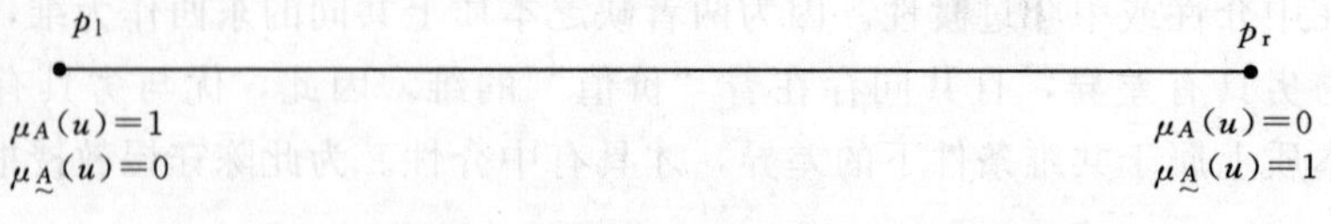

图 2.1 用数的连续统表示映射式（2.4）示意图

陈守煜教授给出的上述定义运用了系统辩证论哲学关于差异与同维、中介与两极的观点，对模糊集合论中关于中介过渡"亦此亦彼"性的数学概念进行抽象与概括，完整地描述了模糊集合论赖以建立的基石——隶属度。隶属函数的数学概念与含义，发展了经典模糊集合论关于隶属度、隶属函数的唯一性概念与定义。一方面相对隶属度、隶属函数是绝对隶属度、隶属函数的近似。另一方面，也是更重要的方面，参考连续统可以作为一个独立的参照系。在同一参照系的相对比较中，可比较论域 U 中元素之间的相对隶属度、隶属函数值。确定相对隶属度、隶属函数不仅比寻求绝对隶属度、隶属函数容易，而且在基本概念与基本理论上消除了关于确定隶属度、隶属函数中长期存在的所谓"主观任意性"的疑虑，这一点在模糊集理论与应用上，特别是模糊决策理论与应用上具有重要意义。

2.4 对立模糊集定义

为了表述中介过渡的动态性，根据自然辩证法中关于运动的矛盾性原理，提出表述现象动态变化的概念为：现象 u 具有吸引性质 $\underset{\sim}{A}$ 的相对隶属度为 $\mu_{\underset{\sim}{A}}(u)$，具有 $\underset{\sim}{A}$ 的对立排斥性质 $\underset{\sim}{A}^c$ 的相对隶属度为 $\mu_{\underset{\sim}{A}^c}(u)$，$\mu_{\underset{\sim}{A}}(u)\in[0,1]$，$\mu_{\underset{\sim}{A}^c}(u)\in[0,1]$，且 $\mu_{\underset{\sim}{A}}(u)+\mu_{\underset{\sim}{A}^c}(u)=1$。当 $\mu_{\underset{\sim}{A}}(u)>\mu_{\underset{\sim}{A}^c}(u)$，现象 u 以表示吸引性质 $\underset{\sim}{A}$ 为主要特性，排斥性质 $\underset{\sim}{A}^c$ 为次要特性；当 $\mu_{\underset{\sim}{A}}(u)<\mu_{\underset{\sim}{A}^c}(u)$ 则相反，当现象 u 从 $\mu_{\underset{\sim}{A}}(u)>\mu_{\underset{\sim}{A}^c}(u)$ 转化为 $\mu_{\underset{\sim}{A}}(u)<\mu_{\underset{\sim}{A}^c}(u)$ 或相反转化，必通过动态平衡界或者渐变式质变界，即 $\mu_{\underset{\sim}{A}}(u)=\mu_{\underset{\sim}{A}^c}(u)$。此概念应用对立模糊集定义可描述如下。

定义 2.4.1：设论域 U 中的任意元素 u 的对立模糊概念（现象、事物）或 u 对立的基本模糊属性，以 $\underset{\sim}{A}$ 与 $\underset{\sim}{A}^c$ 表示。在连续统区间［1、0］（对 A）与［0、1］（对 A^c）的任一点上，对立两种模糊属性的相对隶属度分别为 $\mu_{\underset{\sim}{A}}(u)$、$\mu_{\underset{\sim}{A}^c}(u)$，且 $\mu_{\underset{\sim}{A}}(u)+\mu_{\underset{\sim}{A}^c}(u)=1$，$0\leqslant\mu_{\underset{\sim}{A}}(u)\leqslant1$，$0\leqslant\mu_{\underset{\sim}{A}^c}(u)\leqslant1$。令

$$\underset{\approx}{A}=\{u,\mu_{\underset{\sim}{A}}(u),\mu_{\underset{\sim}{A}^c}(u)\mid u\in U\} \tag{2.5}$$

$\underset{\approx}{A}$ 称为 u 的对立模糊集。左极点 p_l：$\mu_{\underset{\sim}{A}}(u)=1$，$\mu_{\underset{\sim}{A}^c}(u)=0$；右极点 p_r：$\mu_{\underset{\sim}{A}}(u)=0=1$，如图 2.2 所示，$p_m$ 为连续统区间［1，0］［对 $\mu_{\underset{\sim}{A}}(u)$，$\mu_{\underset{\sim}{A}^c}(u)$］的渐变式质变点，即 $\mu_{\underset{\sim}{A}}(u)=\mu_{\underset{\sim}{A}^c}(u)=0.5$。

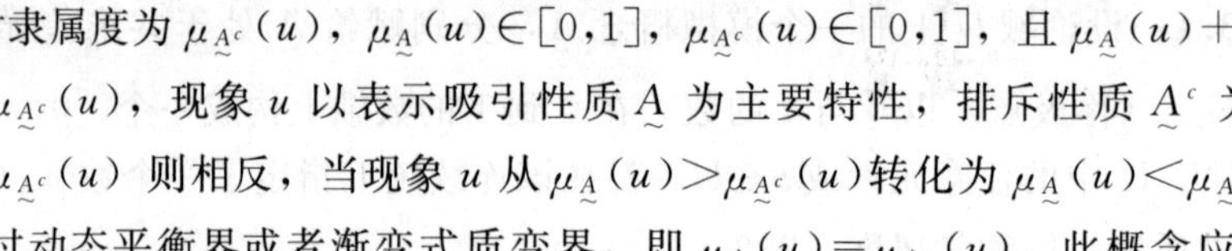

图 2.2 对立模糊集 $\underset{\approx}{A}$ 的示意图

2.5 相对差异函数定义

定义 2.5.1：设

$$D(u)=\mu_A(u)-\mu_{\underset{\sim}{A}^c}(u) \tag{2.6}$$

当 $\mu_{\underset{\sim}{A}}(u)>\mu_{\underset{\sim}{A}^c}(u)$时，$0<D(u)\leqslant 1$；当 $\mu_{\underset{\sim}{A}}(u)=\mu_{\underset{\sim}{A}^c}(u)$时，$D(u)=0$；当 $\mu_{\underset{\sim}{A}}(u)<\mu_{\underset{\sim}{A}^c}(u)$时，$-1\leqslant D(u)<0$。$D(u)$ 称为 u 对 $\underset{\approx}{A}$ 的相对差异度或相对差异函数。映射

$$D: U\to[-1,1] \quad u\mapsto D(u)\in[-1,1] \tag{2.7}$$

称为 u 对 $\underset{\approx}{A}$ 的相对差异函数，如图 2.3 所示。

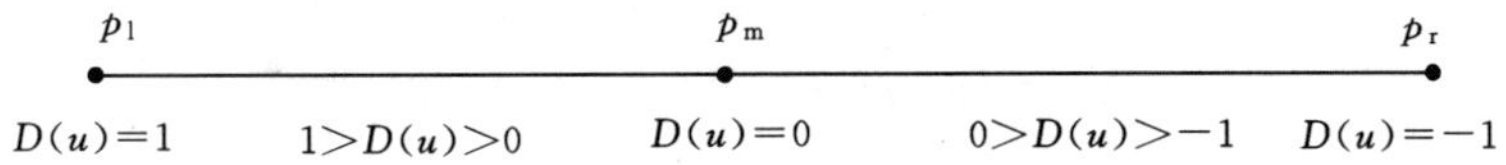

图 2.3 相对差异函数示意图

相对差异函数给出了连续统数轴上任意一点 $\mu_{\underset{\sim}{A}}(u)$ 与 $\mu_{\underset{\sim}{A}^c}(u)$ 的相对差值，即对立模糊概念或对立两种基本模糊属性度的差异。$D(u)=1$、-1 的 p_l、p_r 点表示了对立方达到突变式质变点；$D(u)=0$ 的 p_m 点表示对立双方或对立两种基本模糊属性达到动态平衡即渐变式质变界。所以，相对差异函数形象、完整地表示了唯物辩证法关于质变的两种形式：突变（暴发式质变）与渐变（非暴发式质变）。

2.6 相对比例函数定义

定义 2.6.1：设

$$E(u)=\frac{\mu_A(u)}{\mu_{\underset{\sim}{A}^c}(u)} \tag{2.8}$$

当 $\mu_{\underset{\sim}{A}}(u)>\mu_{\underset{\sim}{A}^c}(u)$时，$1<E(u)<\infty$；当 $\mu_{\underset{\sim}{A}}(u)=\mu_{\underset{\sim}{A}^c}(u)$时，$E(u)=1$；当 $\mu_{\underset{\sim}{A}}(u)<\mu_{\underset{\sim}{A}^c}(u)$时，$0\leqslant E(u)<1$。

$E(u)$ 称为 u 对 $\underset{\approx}{A}$ 的相对比例值。映射

$$E: U\to[0,\infty) \quad u\mapsto E(u)\in[0,\infty) \tag{2.9}$$

称为 u 对 $\underset{\approx}{A}$ 的相对比例函数。

相对比例函数表示了连续统数轴上任一点 $\mu_{\underset{\sim}{A}}(u)$ 与 $\mu_{\underset{\sim}{A}^c}(u)$ 的相对比值，即对立双方或对立两种基本模糊属性程度的比例。$E(u)=1$ 的 p_m 点表示吸引与排斥性质达到动态平衡即渐变式质变界。由图 2.4 可知，可以由 $0\leqslant E(u)<1$ 通过渐变式质变点 $E(u)=1$ 变为 $1<E(u)<\infty$，也可以向着相反方向变化。$E(u)=\infty$与 0 的 p_l、p_r 点表示了吸引与排斥性质达到突变式质变界。相对比例函数形象、完整地表示了唯物辩证法关于质变的两种形式：突变（暴发式质变）与渐变（非暴发式质变）。

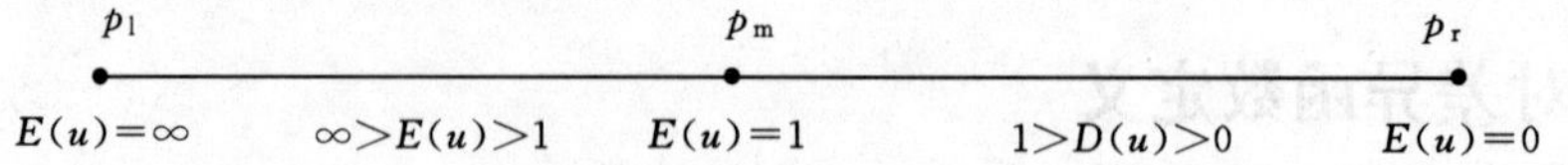

图 2.4　相对比例函数示意图

2.7　可变模糊集合定义

定义 2.7.1：设

$$\underset{\sim}{V}=\{(u,D)\mid u\in U,D(u)=\mu_{\underset{\sim}{A}}(u)-\mu_{\underset{\sim}{A}^c}(u),D\in[-1,1]\} \tag{2.10}$$

$$A_+=\{u\mid u\in U,0<D(u)\leqslant 1\} \tag{2.11}$$

$$A_-=\{u\mid u\in U,-1\leqslant D(u)<0\} \tag{2.12}$$

$$A_0=\{u\mid u\in U,D(u)=0\} \tag{2.13}$$

$$A_*=\{u\mid u\in U,D(u)=1,-1\} \tag{2.14}$$

式中：$\underset{\sim}{V}$ 为可变模糊集合；A_+、A_-、A_0、A_* 分别为可变模糊集合 $\underset{\sim}{V}$ 的 $\underset{\sim}{A}$ 为主域、$\underset{\sim}{A}^c$ 为主域、渐变式质变界和突变式质变界。

定义 2.7.2：

$$\underset{\sim}{V}=\{(u,E)\mid u\in U,E(u)=\mu_{\underset{\sim}{A}}(u)/\mu_{\underset{\sim}{A}^c}(u)/,E\in[0,\infty)\} \tag{2.15}$$

$$A_+=\{u\mid u\in U,1<E(u)<\infty\} \tag{2.16}$$

$$A_-=\{u\mid u\in U,-1<E(u)<0\} \tag{2.17}$$

$$A_0=\{u\mid u\in U,E(u)=1\} \tag{2.18}$$

$$A_*=\{u\mid u\in U,D(u)=\infty,0\} \tag{2.19}$$

式中：$\underset{\sim}{V}$ 为可变模糊集合；A_+、A_-、A_0、A_* 分别为可变模糊集合 $\underset{\sim}{V}$ 的 $\underset{\sim}{A}$ 为主域、$\underset{\sim}{A}^c$ 为主域、渐变式质变界和突变式质变界。

定义 2.7.3：设 C 是可变模糊集合 $\underset{\sim}{V}$ 的可变因子集，有

$$C=\{C_A,C_B,C_C,C_D,C_E,C_F\} \tag{2.20}$$

式中：C_A 为可变时间因子集；C_B 为可变空间因子集；C_C 为可变条件因子集；C_D 为可变模型集；C_E 为可变参数集；C_F 为可变其他因子集。

令

$$A^-=C(A_+)=\{u\mid u\in U,0<D(u)<1,-1<D[C(u)]<0\} \tag{2.21}$$

$$A^+=C(A_-)=\{u\mid u\in U,-1<D(u)<0,0<D[C(u)]<1\} \tag{2.22}$$

统一称为模糊可变集合 $\underset{\sim}{V}$ 关于可变因子集 C 的渐变式质变，式中 $D[C(u)]$ 为对 u 做 C 变换的相对差异函数，令

$$A^{(+)}=C(A_{(+)})=\{u\mid u\in U,0<D(u)<1,0<D[C(u)]<1\} \tag{2.23}$$

$$A^{(-)}=C(A_{(-)})=\{u\mid u\in U,-1<D(u)<0,-1<D[C(u)]<0\} \tag{2.24}$$

统一称为模糊可变集合 $\underset{\sim}{V}$ 关于可变因子集 C 的量变。

第 3 章 模糊水文水资源学的理论与模型

3.1 基于可变模糊集的三大哲学定理

3.1.1 对立统一定理

在连续统区间［1，0］［对 $\mu_{\underset{\sim}{A}}(u)$］、［0，1］对［$\mu_{\underset{\sim}{A}^c}(u)$］的左、右端点 p_l 与 p_r 之间，必存在确定的中介点 p_m，该点的对立模糊概念或对立基本属性的相对隶属度相等，即

$$\mu_{\underset{\sim}{A}}(u)=\mu_{\underset{\sim}{A}^c}(u)=0.5 \tag{3.1}$$

p_m 称为渐变式质变点或对立统一矛盾性质的渐变式转化点，如图 2.2 所示。

设

$$D(u)=\mu_{\underset{\sim}{A}}(u)-\mu_{\underset{\sim}{A}^c}(u) \tag{3.2}$$

当 $\mu_{\underset{\sim}{A}}(u)>\mu_{\underset{\sim}{A}^c}(u)$时，$0<D(u)<1$；当 $\mu_{\underset{\sim}{A}}(u)=\mu_{\underset{\sim}{A}^c}(u)$时，$D(u)=0$；当 $\mu_{\underset{\sim}{A}}(u)<\mu_{\underset{\sim}{A}^c}(u)$时，$-1<D(u)<0$。$D(u)$ 称为 u 对 $\underset{\approx}{A}$ 的相对差异度或相对差异函数。如图 2.3 所示，相对差异函数表示了连续统数轴上任意一点 $\mu_{\underset{\sim}{A}}(u)$ 与 $\mu_{\underset{\sim}{A}^c}(u)$ 的相对差值，即对立模糊概念或对立基本模糊属性程度的差异。$D(u)=0$ 的 p_m 点表示了对立双方或对立基本模糊属性达到动态平衡即渐变式质变点；$D(u)=1$、-1 的 p_l、p_r 点表示对立双方达到突变式质变点。

3.1.2 质量互变定理

设 $D(u)$ 为论域 U 中任一元素 u 对 $\underset{\approx}{A}$ 的相对差异函数，对 u 作变换 C，变换前 $D(u)\neq0$，变换后的对立相对隶属函数与相对差异函数分别为 $\mu_{\underset{\sim}{A}}[C(u)]$、$\mu_{\underset{\sim}{A}^c}[C(u)]$ 与 $D[C(u)]$，$D[C(u)]=\mu_{\underset{\sim}{A}}[C(u)]-\mu_{\underset{\sim}{A}^c}[C(u)]$。

（1）如有不等式

$$D(u)D[C(u)]<0 \quad D[C(u)]\neq1、0、-1 \tag{3.3}$$

则为渐变式质变。

（2）如有等式

$$D(u)D[C(u)]=\pm D(u) \tag{3.4}$$

则为突变式质变。

（3）如有等式

$$D(u)D[C(u)]=0 \tag{3.5}$$

则变化至动态平衡点，或渐变式质变的临界点，系统处于动态平衡状态。

（4）如有不等式

$$D(u)D[C(u)]>0 \quad D[C(u)]\neq 1、0、-1 \tag{3.6}$$

则为量变。

渐变式质变不等式（3.3）、突变式质变等式（3.4）与渐变式质变点等式（3.5）称为质变定理，量变不等式（3.6）称为量变定理，两者统称为质量互变定理。

3.1.3 否定的否定定理

由图2.3可见，$D(u)$ 从1变化到-1为一个周期，设有 n 个变化周期，则：

（1）若变化为1个周期（$n=1$），变化后终了状态在 p_r 点（$\underset{\sim}{A}^c$）即否定，有 $D[C(u)]=-1$，则

$$D(u)D[C(u)]=1\times(-1)=(-1)^1 \tag{3.7}$$

（2）若变化为2个周期（$n=2$），变化后终了状态在 p_l 点（$\underset{\sim}{A}^{cc}$）即否定的否定，有 $D[C(u)]=1$，则

$$D(u)D[C(u)]=1\times 1=(-1)^2 \tag{3.8}$$

（3）若变化为 n 个周期，变化后终了状态在 p_r 或 p_l 点，即 c 次否定（$\underset{\sim}{A}^{c\cdots c}$）（$c^{\cdots c}$ 指有 n 个 c）。则有

$$D(u)D[C(u)]=(-1)^c \tag{3.9}$$

当 $n=2$ 时，对应于唯物辩证法哲学中否定的否定规律。故否定的否定定理可表示为

$$D(u)D[C(u)]=1 \tag{3.10}$$

3.2 模糊概念在分级条件下最大隶属原则的不适用性

经典模糊集中最大隶属原则定义如下：

设 $\underset{\sim}{A}_1$，$\underset{\sim}{A}_2$，…，$\underset{\sim}{A}_n\in f(U)$，$u_0\in U$，$f(U)$ 为 U 上全体模糊子集所构成的类。最大隶属原则：若有 $i\in\{1,2,\cdots,n\}$，使

$$\mu_{\underset{\sim}{A}_i}(u_0)=\max[\mu_{\underset{\sim}{A}_1}(u_0),\mu_{\underset{\sim}{A}_2}(u_0),\cdots,\mu_{\underset{\sim}{A}_n}(u_0)] \tag{3.11}$$

则 u_0 相对隶属于 $\underset{\sim}{A}_i$。

最大隶属原则是经典模糊集中的一个重要判断、预测与决策准则，被广泛地用于模糊模式识别、模糊综合评判、模糊决策等许多方面，并且被推广到其他系统领域。在模糊概念分级条件下，不能用最大隶属原则对级别归属进行识别。对原则不加限制地应用，会导致不合理的判断、识别、预测的结果。下面将从概念与理论上加以论证。

根据定义2.2.1，在共维差异的中介过渡段的两个端点或极点之间，有无数中介点、许多中介状态，存在着作为中介的连续统。例如对干旱灾害的级别评定中，在两个极点“轻灾1级”$\underset{\sim}{A}_1$ 与“大灾4级”$\underset{\sim}{A}_4$ 之间，可以有“中灾2级”$\underset{\sim}{A}_2$、“重灾3级”$\underset{\sim}{A}_3$ 等中介级别。假设某地区 u_0 对旱灾级别 $\underset{\sim}{A}_1$、$\underset{\sim}{A}_2$、$\underset{\sim}{A}_3$、$\underset{\sim}{A}_4$ 的相对隶属度分别为：$\mu_{\underset{\sim}{A}_1}(u_0)=$

0.40、$\mu_{\underset{\sim}{A}_2}(u_0)=0.30$、$\mu_{\underset{\sim}{A}_3}(u_0)=0.20$、$\mu_{\underset{\sim}{A}_4}(u_0)=0.10$。如果根据最大隶属原则式（3.11）进行判断，则 u_0 相对隶属于 $\underset{\sim}{A}_1$，因对 $\underset{\sim}{A}_1$ 相对隶属度最大为 0.40，判别为轻灾 1 级，显然这一判断是错误的，因为 u_0 对其他级别相对隶属度总和为 6.0，比 0.4 大了 50%，最大隶属原则判断失误在于丢弃了 0.6 这一重要信息。这也是经典模糊集中定义取大、取小算子而丢弃许多信息的理论缺陷在实际应用中的反映。

3.3 级别（类别）特征值

为了克服模糊概念分级条件下最大隶属原则的不适用性，陈守煜教授提出级别（或类别）特征值概念与公式，作为可变模糊集理论判断、识别、决策、预测准则。

设左极点级别为序数 1，自左向右的中介级别点依次为 2,3,…，直至右极点，级别以 c 表示。1,2,…,c 称为级别点，以级别变量 h 表示，$h=1,2,\cdots,c$。若已知 u_0 对级别 1,2,…,c 的相对隶属度为 $\mu_{\underset{\sim}{A}_1}(u_0)$，$\mu_{\underset{\sim}{A}_2}(u_0)$，…，$\mu_{\underset{\sim}{A}_c}(u_0)$，级别变量 h 与相对隶属度 $\mu_{\underset{\sim}{A}_h}(u_0)$ 组成的序对，称为级别变量相对隶属度分布列，满足归一化条件 $\sum_{h=1}^{c}\mu_{\underset{\sim}{A}_h}(u_0)=1$，如图 3.1 所示。

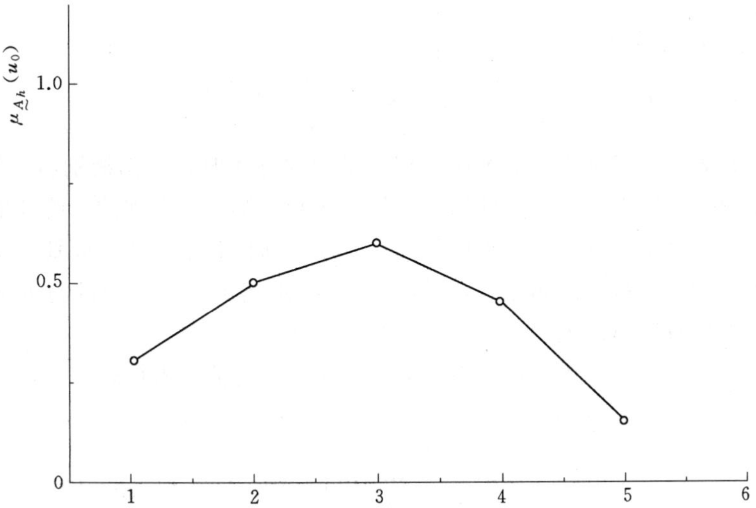

图 3.1　级别变量与相对隶属度分布列图

设已知样本 u_0 对模糊概念 $\underset{\sim}{A}$ 的级别变量相对隶属度分布列 $h\sim\mu_{\underset{\sim}{A}_h}(u_0)$，$h=1,2,\cdots,c$。级别变量 h 以其相对隶属度 $\mu_{\underset{\sim}{A}_h}(u_0)$ 为权重，其总和

$$H(u_0)=\sum_{h=1}^{c}\mu_{\underset{\sim}{A}_h}(u_0)h \tag{3.12}$$

称为级别（类别）变量的特征值，简称级别（类别）特征值。

$H(u_0)$ 表达了 h 与 $\mu_{\underset{\sim}{A}_h}(u_0)$ 分布列的整体特征，因此 $H(u_0)$ 可以作为样本 u_0 对模糊概念 $\underset{\sim}{A}$ 隶属级别的判断准则。它利用了级别变量 h 的全部相对隶属度信息，用以判

断 u_0 隶属于何种级别。

可以给级别变量相对隶属度 $\mu_{\underset{\sim}{A}_h}(u_0)$ 的分布列以一个力学解释：一个单位质量沿坐标轴 h 的分布，在 h 轴的坐标点 $1,2,\cdots,c$ 上集中了相应的质量 $\mu_{\underset{\sim}{A}_1}(u_0)$，$\mu_{\underset{\sim}{A}_2}(u_0)$，$\cdots$，$\mu_{\underset{\sim}{A}_c}(u_0)$。即级别变量相对隶属度 $\mu_{\underset{\sim}{A}_h}(u_0)$ 的分布列，相当于力学中具有单位质量的质点系统在坐标轴上的分布。

为了从理论上阐明级别特征值的几何意义和物理意义，现以几种 $h\sim\mu_{\underset{\sim}{A}_h}(u_0)$ 分布列的特征为例，对级别特征值判断准则做进一步的分析。

（1）相对隶属度集中于一个级别点 h，此时有

$$\mu_{\underset{\sim}{A}_h}(u_0)=1 \tag{3.13}$$

除级别点 h 外，其余点相对隶属度为 0，$h=1,2,\cdots,c$，由式（3.12）可知

$$H(u_0)=h \tag{3.14}$$

即根据级别特征值，判断 u_0 隶属于级别 h，显然，这完全符合相对隶属度集中于级别点 h 的情况，且与最大隶属原则的判断相同。因此时最大隶属原则利用了集中点相对隶属度为 1 的信息，在未丢失信息条件下，其判断与级别特征值判断相符。

（2）相对隶属度在 c 个级别点均匀分布，此时有

$$\mu_{\underset{\sim}{A}_h}(u_0)=\frac{1}{c} \tag{3.15}$$

其中，$h=1,2,\cdots,c$，根据式（3.10）有

$$H(u_0)=\sum_{h=1}^{c}\frac{1}{c}h=\frac{1}{c}\sum_{h=1}^{c}h=\frac{1}{c}\,\frac{c(c+1)}{2}=\frac{c+1}{2} \tag{3.16}$$

式（3.16）表明，级别点相对隶属度相等呈均匀分布时，根据级别特征值判断 u_0 隶属于均匀矩形分布的中点，这一判断符合人们的逻辑思维，是合理的。此种情况，最大隶属原则由于丢失了全部信息，无最大值而无法判断。即使其中某两个级别点相对隶属度有微小的增量与减量，按最大隶属原则，虽可判断 u_0 隶属于有微小增量的级别点，但由于失落信息过多会导致判断的失误。

（3）相对隶属度在 c 个级别点呈对称分布。设 c 为奇数，根据式（3.12）有

$$\begin{aligned}H(u_0)=&\mu_{\underset{\sim}{A}_1}(u_0)\times 1+\mu_{\underset{\sim}{A}_2}(u_0)\times 2+\cdots\\&+\mu_{\underset{\sim}{A}_{\frac{c+1}{2}}}(u_0)\frac{c+1}{2}+\cdots+\mu_{\underset{\sim}{A}_{c-1}}(u_0)(c-1)+\mu_{\underset{\sim}{A}_c}(u_0)c\end{aligned} \tag{3.17}$$

因为 c 为奇数，故级别点 $\frac{c+1}{2}$ 为对称中心或中间点。因相对隶属度在级别点为对称分布，故

$$\mu_{\underset{\sim}{A}_1}(u_0)=\mu_{\underset{\sim}{A}_c}(u_0),\mu_{\underset{\sim}{A}_2}(u_0)=\mu_{\underset{\sim}{A}_{c-1}}(u_0) \tag{3.18}$$

则有

$$\begin{aligned}H(u_0)&=(c+1)\mu_{\underset{\sim}{A}_1}(u_0)+(c+1)\mu_{\underset{\sim}{A}_2}(u_0)+\cdots+(c+1)\frac{\mu_{\underset{\sim}{A}_{\frac{c+1}{2}}}(u_0)}{2}\\&=(c+1)\left[\mu_{\underset{\sim}{A}_1}(u_0)+\mu_{\underset{\sim}{A}_2}(u_0)+\cdots+\frac{\mu_{\underset{\sim}{A}_{\frac{c+1}{2}}}(u_0)}{2}\right]\end{aligned} \tag{3.19}$$

因为

$$\sum_{h=1}^{c}\mu_{\underset{\sim}{A}_h}(u_0)=1$$

故对称中心点$\frac{c+1}{2}$相对隶属度$\mu_{\underset{\sim}{A}_{\frac{c+1}{2}}}(u_0)$的$\frac{1}{2}$，加上对称中心一侧级别点相对隶属度的总和为0.5，即

$$\mu_{\underset{\sim}{A}_1}(u_0)+\mu_{\underset{\sim}{A}_2}(u_0)+\cdots+\frac{\mu_{\underset{\sim}{A}_{\frac{c+1}{2}}}(u_0)}{2}=0.5 \tag{3.20}$$

代入式（3.19），有

$$H(u_0)=\frac{c+1}{2} \tag{3.21}$$

再设 c 为偶数，按式（3.12）有

$$\begin{aligned}H(u_0)=&\mu_{\underset{\sim}{A}_1}(u_0)\times 1+\mu_{\underset{\sim}{A}_2}(u_0)\times 2+\cdots\\&+\mu_{\underset{\sim}{A}_{\frac{c}{2}}}(u_0)\frac{c}{2}+\cdots+\mu_{\underset{\sim}{A}_{\frac{c}{2}+1}}(u_0)\left(\frac{c}{2}+1\right)+\cdots\\&+\mu_{\underset{\sim}{A}_{c-1}}(u_0)(c-1)+\mu_{\underset{\sim}{A}_c}(u_0)c\end{aligned} \tag{3.22}$$

因 c 为偶数，故对称中心在级别点$\frac{c}{2}$、$\frac{c}{2}+1$的中点$\frac{c+1}{2}$处；且$\mu_{\underset{\sim}{A}_1}(u_0)=\mu_{\underset{\sim}{A}_c}(u_0)$，$\mu_{\underset{\sim}{A}_2}(u_0)=\mu_{\underset{\sim}{A}_{c-1}}(u_0)$，$\mu_{\underset{\sim}{A}_{\frac{c}{2}}}(u_0)=\mu_{\underset{\sim}{A}_{\frac{c}{2}+1}}(u_0)$，代入式（3.12）有

$$H(u_0)=(c+1)[\mu_{\underset{\sim}{A}_1}(u_0)+\mu_{\underset{\sim}{A}_2}(u_0)+\cdots+\mu_{\underset{\sim}{A}_{\frac{c}{2}}}(u_0)]=\frac{c+1}{2} \tag{3.23}$$

由此可见，无论 c 是奇数还是偶数，相对隶属度在级别点为对称分布时，根据级别特征值判断 u_0 隶属于对称中心$\frac{c+1}{2}$。显然，这种判断完全合乎逻辑思维。由于（2）中论述的相对隶属度在级别点呈均匀分布，可作为（3）中的一种特殊的对称分布，故（2）、（3）两种分布的级别特征值 $H(u_0)$ 均为$\frac{c+1}{2}$。

由以上分析不难看出，$h\sim\mu_{\underset{\sim}{A}_h}(u_0)$ 的分布越均匀，按最大隶属原则判断所得的结论，可能越不准确。而级别特征值因利用全部相对隶属度信息，其判断结论符合实际情况。

级别特征值 $H(u_0)$ 是一个描述级别的数，且 $1\leqslant H(u_0)\leqslant c$，通常不是一个整数。从几何学的角度来观察，在 $h\sim\mu_{\underset{\sim}{A}_h}(u_0)$ 坐标平面上，$H(u_0)$ 表示了级别变量 h 与其相对隶属度所成图形面积的形心位置。

根据 $H(u_0)$ 可反馈得到相应的级别，据此可对 u_0 做出属于何种级别（或类别）的判断（或评定）。

为更细致地应用级别（或类别）特征值进行判断或评定，陈守煜教授给出判断准则公式：

$$\left.\begin{array}{ll}1.0\leqslant H(u_0)\leqslant 1.5, & \text{归属于 1 级}\\ h-0.5<H(u_0)\leqslant h, & \text{归属于 } h \text{ 级}(h=2,3,\cdots,c-1)\\ h<H(u_0)\leqslant h+0.5, & \text{归属于 } h \text{ 级偏 } h+1 \text{ 级}(h=2,3,\cdots,c-1)\\ c-0.5<H(u_0)\leqslant c, & c \text{ 级}\end{array}\right\}\tag{3.24}$$

第4章　模糊聚类分析的理论与应用

模糊数学在信息处理方面有着极为广泛的应用，聚类分析又被称为点群分析、群分析和簇分析等，是按研究对象在性质上的亲疏关系进行分类的一种多元统计方法，能够反映样本间的内在组合关系。而现实中的分类问题大多包含着模糊性，类别与类别之间的界限并不十分清晰，所以在聚类分析中引入模糊数学技术更为合理，这样就形成了模糊聚类分析。

模糊聚类分析是当前在模糊数学中应用最多的几个方法之一，可以将研究的样本进行合理的分类，如历史洪水样本的分类就常常用聚类分析来进行，另外，聚类分析也可用来进行判别分析和预测。所以，聚类分析被广泛地应用于天气预报、水文预报、地质探勘、运动员心理素质分类、河川水质污染程度等方面。

模糊聚类分析是非监督模式识别的重要分支，在模式识别、数据挖掘、计算机视觉以及模糊控制等领域具有广泛的应用。由于模糊聚类得到了样本属于各个类别的不确定性程度，表达了样本类属的中介性，即建立起了样本对于类别的不确定性描述，更能客观地反映现实世界，从而成为聚类分析研究的主流，也是近年来得到迅速发展的一个研究热点。

4.1　模糊聚类的概念

聚类是人类最基本的一项认识活动，人类要认识世界就必须区别不同的事物并认识事物间的联系，并且聚类是伴随着人类的产生和发展而不断深化的一个问题。所谓聚类，是按照事物间的相似性进行区分和分类的过程，在这一过程中没有教师指导，因此是一种无监督的分类。模糊聚类分析所讨论的对象，事先没有给定任何模式供分类参考，要求按照样本各自的属性特征加以分类。聚类就是将数据集分成多个类或簇，使得各个类之间的数据差别应尽可能大，类内之间的数据差别应尽可能小，即为“最小化类间相似性，最大化类内相似性”原则。

传统的聚类分析大多是从单因素或几个因素出发，凭借经验和专业知识对事物分类，具有“非此即彼”的特性，这种分类的类别界限分明，所以又称为硬分类。随着认知领域的不断发展，这种分类开始不适用于对含义模糊的事物进行分类。现实世界中大多对象实际上并没有严格的属性和界限，它们在性态和类属方面存在着中介性，即“亦此亦彼”的性质，这种分类也叫软分类。为了解决这类问题，1965 年 Zadeh 提出了模糊集合理论(Fuzzy Set Theory)，这种理论的提出为这种软分类提供了有力的分析工具，人们开始用模糊的方法来处理聚类问题，并称为模糊聚类分析。模糊集合论与普通集合论的本质区别在于以下几点：

（1）普通集合理论对集合中元素的隶属关系进行了严格的划分。元素属于集合，隶属度为 1；元素不属于集合，隶属度为 0。只能两者选其一，不存在介于二者之间的情况。

（2）模糊集合理论对集合中的元素具有较为模糊的隶属关系，元素在模糊集合中的隶属度可以在［0，1］取值。

聚类分析就是用数学方法研究和处理给定对象的分类，对同类型对象抽象出其共性，从而形成类。模糊数学的产生为模糊分类提供了理论基础，产生了模糊聚类分析理论。模糊聚类分析是把模糊数学的概念引入聚类分析中，用来研究“物以类聚”的一种多元统计分析方法，是数值分类学的一门年轻分支，也是无监督模式识别的一个重要分支。模糊聚类分析的实质一般是指根据研究对象本身的属性来构造模糊矩阵，并在此基础上根据一定的隶属度来确定聚类关系。即用模糊数学方法把样本之间的模糊关系定量地确定，从而客观且准确地进行聚类。实际上，大多数对象并没有严格的类属性和隶属关系，它们在属性等方面存在着重叠性、交叉性，具有“亦此亦彼”的性质，因此比较适合进行模糊划分。

由于模糊聚类得到了样本隶属于各个聚类的不确定性程度，表达了样本类属的中介性，即建立起了样本对于类别的不确定性描述，更能客观地反映现实世界中的实际情况，从而成为聚类分析研究的主流。

4.2　模糊聚类的特点与难点

在模糊聚类分析技术中，由于聚类对象的多样性，模糊聚类算法具有多样性。总的来说，针对不同的应用对象要运用不同的算法，没有一种算法适合所有情况。一般在聚类中会遇到以下难点问题需要解决：

（1）聚类样本集的多样性。在实际中常见的样本类型有球型分布、线型分布、椭球型分布、球壳型分布、球型线型椭球型球壳型的组合分布、区间分布以及空间分布样本集，使得聚类方法具有多样性，应该针对不同类型数据集合采用不同的聚类算法。

（2）聚类个数的确定方法，即将给定的样本集聚成几类比较科学合理。

（3）样本的特征提取。聚类是根据样本的影响特征来进行的，有时很难找到区分类别的有效样本特征，有时找到的特征很难用数据进行表达等。

（4）样本的特征数据。大部分聚类方法都基于欧氏距离，所以只能处理数值属性的数据，对于一些符号属性信息就无法计算。

（5）有些聚类算法对聚类样本顺序有敏感性，即相同样本，当输入顺序不同时，会得到不同的聚类结果。

（6）聚类算法的优化。聚类问题实质是一个优化问题，就是通过迭代优化算法（比较常用的优化算法有牛顿迭代算法、拉格朗日乘子法、共轭梯度法、随机逼近法和梯度下降法）使得系统的目标函数达到一个最小值。但目标函数许多情况下是非单谷的，存在很多最小值，而其中只有一个是全局最小值，其他都是局部最小值，迭代优化的目标是要达到全局最优而非局部最优。为了求得最优解，算法往往需要耗费大量的时间。但在实际应用中，全局最优解却不一定满足实际，所以有必要对算法的最优值设置一定的局限范围。

4.3 模糊聚类分析的研究现状

自从 1965 年 Zadeh 提出了模糊集合理论以来，模糊集合论经历了较为快速的发展，而作为模糊集合论的应用领域之一，模糊聚类分析在理论上获得了进步，在实际应用中获得了一定的成功。1971 年，Tamura 提出了基于模糊关系的模式分类问题。1973 年，Dunn 提出了硬 c 均值聚类方法。1974 年，Dunn 提出将硬 c 聚类算法加以推广，提出了有效的模糊聚类算法。Bezdek 将 Dunn 提出的模糊聚类算法加以推广，建立了模糊 c 均值聚类算法（FCM 算法）的理论。1980 年，Bezdek 证明了模糊 c 均值算法的收敛性，并给出了硬 c 均值方法与模糊 c 均值方法的关系。模糊 c 均值聚类算法有易于理解、实用性强等优点，使得这种聚类方法是聚类研究的重要方向之一。模糊 c 均值聚类的理论与算法的进展作如下说明：

（1）算法收敛的改进。1986 年，Cannon 提出了近似模糊 c 均值聚类方法（AFCM），提高了算法的收敛速度。

（2）目标函数的修改。1991 年，Trauwaert 等提出了基于最大相关性原则的模糊聚类算法。

（3）目标函数中的距离公式改进，使得算法能对多种数据类型进行聚类。一般情况下，在基于目标函数的聚类算法中都是采用欧氏距离。1978 年，Gusatafson 在距离表达式中加入了协方差，提出了协方差模糊聚类算法，采用马氏距离，改进了聚类的效果。模糊 c 均值算法主要适用于球型和椭球型分布数据类型，Bezdek 将模糊 c 均值聚类算法的应用范围进行了推广，对应适用于椭球型分布、线型分布、平面型分布、超平面型分布的样本集合，提出了模糊 c 簇聚类算法。1995 年，Jawahar 等提出了多类型数据集的聚类算法。

（4）模糊划分空间的修改。1984 年，Selim 等将硬聚类思想和模糊聚类思想结合，提出了三种软聚类（半模糊聚类）方法。1994 年，Kamel 等提出了阈值型半模糊 c 均值聚类算法。

4.4 模糊聚类迭代模型

设有待聚类的 n 个样本组成的集合 $\{x_1,x_2,\cdots,x_n\}$，用 m 个指标特征值向量（x_{1j}，$x_{2j},\cdots,x_{mj}$）对样本进行聚类，则有指标特征值矩阵

$$\boldsymbol{X}=(x_{ij}) \tag{4.1}$$

x_{ij} 为样本 j 指标 i 的特征值，$i=1,2,\cdots,m$；$j=1,2,\cdots,n$。

由于 m 个聚类指标特征值物理量纲不同，需要对指标特征量进行规格化，即要将指标特征值 x_{ij} 变换为对聚类样本关于模糊概念 $\underset{\sim}{A}$ 的指标相对隶属度 r_{ij}。在模糊聚类中通常有两类指标。

（1）越大越优效益型指标，即指标特征值越大，聚类类别排序越前，其规格化公式为

$$r_{ij}=\frac{x_{ij}-\min\limits_{j} x_{ij}}{\max\limits_{j} x_{ij}-\min\limits_{j} x_{ij}} \tag{4.2}$$

式中：$\max\limits_{j} x_{ij}$、$\min\limits_{j} x_{ij}$ 分别为样本集指标 i 的最大、最小特征值。

（2）越小越优成本型指标，即指标特征值越小，聚类类别排序越前，其规格化公式为

$$r_{ij}=\frac{\max\limits_{j} x_{ij}-x_{ij}}{\max\limits_{j} x_{ij}-\min\limits_{j} x_{ij}} \tag{4.3}$$

则指标特征值矩阵变换为指标对模糊概念 $\underset{\sim}{A}$ 的相对隶属度矩阵，即指标特征值规格化矩阵：

$$\boldsymbol{R}=(r_{ij}),\quad 0\leqslant r_{ij}\leqslant 1 \tag{4.4}$$

设 n 个样本依据 m 个指标特征值规格化数按 c 个类别进行聚类，其模糊聚类矩阵为

$$\boldsymbol{U}=(u_{hj}) \tag{4.5}$$

u_{hj} 为样本 j 隶属于类别 h 的相对隶属度，$h=1,2,\cdots,c$；$j=1,2,\cdots,n$。满足条件：

$$\sum_{h=1}^{c} u_{hj}=1,\quad 0\leqslant u_{hj}\leqslant 1,\quad \sum_{j=1}^{n} u_{hj}>0 \tag{4.6}$$

类别 h 的 m 个指标特征值规格化数表示了 h 类的聚类特征，在模糊聚类中通常称为聚类中心，则 c 个类别的聚类特征可用 $m\times c$ 阶模糊聚类特征（聚类中心）矩阵：

$$\boldsymbol{S}=(s_{ih}),\quad 0\leqslant s_{ih}\leqslant 1 \tag{4.7}$$

表示，s_{ih} 为类别 h 指标 i 的聚类特征规格化数，$i=1,2,\cdots,m$；$h=1,2,\cdots,c$。

样本 j 与类别 h 之间的差异用广义距离式（4.8）表示：

$$_{0}d_{hj}=\Big(\sum_{i=1}^{m} \mid r_{ij}-s_{ih}\mid^{p}\Big)^{\frac{1}{p}} \tag{4.8}$$

式中：p 为可变距离参数，通常可取为海明距离 $p=1$，欧氏距离 $p=2$。

考虑不同指标对聚类的影响不同，引入指标权向量：

$$\vec{w}=(w_1,w_2,\cdots,w_m)=(w_i) \tag{4.9}$$

满足

$$\sum_{i=1}^{m} w_i=1,0\leqslant w_i\leqslant 1 \tag{4.10}$$

样本 j 与类别 h 间的差异可用广义指标权距离式（4.11）表示：

$$d_{hj}=\Big[\sum_{i=1}^{m}(w_i\mid r_{ij}-s_{ih}\mid)^{p}\Big]^{\frac{1}{p}} \tag{4.11}$$

为了求解样本 j 隶属于类别 h 的最优相对隶属度 u_{hj}^{*}、最优聚类特征（最优聚类中心）s_{ih}^{*} 与最优权向量 w^{*}，引入以相对隶属度 u_{hj} 为权重的加权广义指标权距离（简称为加权广义权距离）：

$$D_{hj}=u_{hj}d_{hj} \tag{4.12}$$

D_{hj} 仍是距离概念，其中含有变量 u、s、w。

建立目标函数

$$\min\left\{F(u,s,w)=\sum_{j=1}^{n}\sum_{h=1}^{c}u_{hj}^{2}d_{hj}^{\alpha}\right.$$
$$\left.=\sum_{j=1}^{n}\sum_{h=1}^{c}u_{hj}^{2}\left[\sum_{i=1}^{m}(w_i\mid r_{ij}-s_{ih}\mid)^{p}\right]^{\frac{\alpha}{p}}\right\} \tag{4.13}$$

满足约束条件：

$$\sum_{h=1}^{c}u_{hj}=1,\quad \forall j,0\leqslant u_{hj}\leqslant 1,\ \sum_{j=1}^{n}u_{hj}>0 \tag{4.14}$$

$$\sum_{i=1}^{m}w_i=1,0\leqslant w_i\leqslant 1 \tag{4.15}$$

式中：α 为可变优化准则参数，$\alpha=1$、2 时分别为最小一、二乘方准则。

当 $\alpha=1$ 时，目标函数式（4.13）的意义为：聚类样本集 n 对于全体类别 c 的（$u_{hj}D_{hj}$）一乘方和最小。

当 $\alpha=2$ 时，目标函数式（4.13）的意义为：聚类样本集 n 对于全体类别 c 的加权广义权距离 D_{hj} 平方和最小。

本节将经典数学中的最小一、二乘方准则，拓展为 $u_{hj}D_{hj}$ 和最小，D_{hj} 平方和最小，在可变模糊集理论上有重要意义，它是可变模糊聚类、模式识别统一理论与模型的基础。

为了将有条件［式（4.14）、式（4.15）］极值［式（4.13）］求解问题，转化为无条件极值问题求解，构造拉格朗日函数（λ_u、λ_w 分别为变量 u_{hj}、w_i 的拉格朗日乘子）：

$$L(u_{hj},s_{ih},w_i,\lambda_u,\lambda_w)=\sum_{j=1}^{n}\sum_{h=1}^{c}u_{hj}^{2}\left[\sum_{i=1}^{m}(w_i\mid r_{ij}-s_{ih}\mid)^{p}\right]^{\frac{\alpha}{p}}$$
$$-\lambda_u\left(\sum_{h=1}^{c}u_{hj}-1\right)-\lambda_w\left(\sum_{i=1}^{m}w_i-1\right) \tag{4.16}$$

令

$$\frac{\partial L}{\partial u_{hj}}=0,\frac{\partial L}{\partial s_{ih}}=0,\frac{\partial L}{\partial w_i}=0,\frac{\partial L}{\partial \lambda_u}=0,\frac{\partial L}{\partial \lambda_w}=0 \tag{4.17}$$

解得可变模糊聚类循环迭代模型：

$$u_{hj}=\left\{\sum_{k=1}^{c}\left[\frac{\sum_{i=1}^{m}(w_i\mid r_{ij}-s_{ih}\mid)^{p}}{\sum_{i=1}^{m}(w_i\mid r_{ij}-s_{ik}\mid)^{p}}\right]^{\frac{\alpha}{p}}\right\}^{-1} \tag{4.18}$$

$$s_{ih}=\frac{\sum_{j=1}^{n}u_{hj}^{\frac{2}{p-1}}r_{ij}}{\sum_{j=1}^{n}u_{hj}^{\frac{2}{p-1}}},\quad \frac{\alpha}{p}=1 \tag{4.19}$$

$$w_i=\left\{\sum_{k=1}^{m}\left[\frac{\sum_{j=1}^{n}\sum_{h=1}^{c}(u_{hj}^{2}\mid r_{ij}-s_{ih}\mid)^{p}}{\sum_{j=1}^{n}\sum_{h=1}^{c}(u_{hj}^{2}\mid r_{kj}-s_{kh}\mid)^{p}}\right]^{\frac{1}{p-1}}\right\}^{-1},\quad \frac{\alpha}{p}=1 \tag{4.20}$$

从纯数学的角度而言，由于模型式（4.18）～式（4.20）的复杂性，难以用梯度下降法循环迭代求解。但在可变模糊集理论中，指标权向量 **w** 是可变参数，需要根据实际问题的性质确定，即 **w** 既是可变的，又是已知值。

当已知指标权向量 **w**，可变模糊循环迭代模型式（4.18）～式（4.20）变为陈守煜教授在文献［2］中导出的可变模糊聚类迭代模型式（4.18）、式（4.19）。如假定指标为等权重 $w_1=w_2=\cdots=w_m$，取欧氏距离 $p=2$，模型式（4.18）～式（4.20）变为贝狄克(Bezdek) 参数 $\beta=2$ 的 ISODATA 模糊聚类迭代模型，因此目前被广泛应用的贝狄克 ISODATA 模糊聚类迭代模型是可变模糊聚类循环迭代模型的特例。

4.5　模糊聚类在水文中长期预报中的应用

4.5.1　概述

水文中长期预报一直是水文科学的一项研究难题，有着极为重要的理论与实际意义。本节利用模糊聚类理论模型，建立考虑预报因子权重的水文中长期预报模式，然后再应用模糊识别理论模型做出预报决策。突破水文中长期预报传统方法的框架，对提高水文中长期预报精度，提出了一条成因、统计与模糊集分析相结合的新途径[3,4]。

4.5.2　确定预报因子

因果联系是客观世界普遍联系和相互制约的表现形式之一，自然界中任何一个或一些现象都会引起另一个或另一些现象的产生。实践表明，水文现象的发生往往受到许多因素或因子的作用，它是一种多因子现象综合作用的结果。设 y 代表多因子作用下某一水文现象，是设法预测或预报的对象，简称为预报对象。a、b、c 等代表作用于 y 的各种影响因子，称为预报因子。它们的筛选是基础性工作，十分重要。

预报对象 y 是多因子作用的结果，一般说来，y 与单一因子之间的线性相关关系不会很好，但是从成因的角度来看，y 毕竟与每个影响作用于它的单因子有着成因方面的联系，这就从本质上决定了 y 与每一个单因子之间又有一定的关系。因此，逐个地将预报对象 y 与每一个预报因子之间建立线性相关关系，用相关系数的大小来初步衡量各个预报因子对预报对象作用影响的大小或因子的权重，并由此进行预报因子的筛选或初步的筛选工作，用以建立水文中长期预报模式与预报的决策模型。如果预报检验达到规定精度的要求，则可以按建立的模式进行预报，并在预报实践中不断完善预报模式，进一步提高预报精度。否则，应该进行反馈，再次筛选预报因子，如此反复，直到达到要求，即确定出合适的预报因子为止。

4.5.3　水文中长期预报理论模式

水文现象具有确定性（必然性）与非确定性两个方面，而非确定性应包含两个侧面：水文现象大小出现的随机性与现象丰枯在划分过程中的模糊性，水文现象模糊性的基本特点是聚类（或为划分）过程中的“亦此亦彼”性。因此，水文中长期预报的理论模式的建立，可基于模糊聚类或分类。

设有待分类的 n 个水文样本组成样本集合：

$$Y=\{y_1,y_2,\cdots,y_n\} \tag{4.21}$$

每个水文样本对应着筛选的 m 个预报因子特征，对于 n 个样本，则有预报因子特征矩阵：

$$\boldsymbol{X}=\begin{pmatrix} x_{11} & x_{12} & \cdots & x_{1n} \\ x_{21} & x_{22} & \cdots & x_{2n} \\ \vdots & \vdots & \ddots & \vdots \\ x_{m1} & x_{m2} & \cdots & x_{mn} \end{pmatrix}=(x_{ij}) \tag{4.22}$$

其中，$i=1,2,\cdots,m$；$j=1,2,\cdots,n$。

由于 m 个预报因子特征的物理量不尽相同，量纲不同，又因预报因子特征与样本间呈现的关系有正相关与负相关之分，式（4.22）应进行规格化，规格化公式要求是：规格化数在闭区间［0，1］，对 x_{ij} 取值的正或负都可适用。

预报因子特征与样本之间呈正相关，或两者的相关系数为正时，其规格化公式可采用

$$r_{ij}=\frac{x_{ij}-x_{i\min}}{x_{i\max}-x_{i\min}} \tag{4.23}$$

预报因子特征与样本之间呈负相关，或两者的相关系数为负时，其规格化公式为

$$r_{ij}^{c}=1-r_{ij}=\frac{x_{i\max}-x_{ij}}{x_{i\max}-x_{i\min}} \tag{4.24}$$

式中：$x_{i\max}$、$x_{i\min}$ 分别为 n 个样本第 i 个预报因子的最大、最小特征值。

式（4.22）规格化后变换为元素在［0，1］区间的预报因子特征规格化矩阵：

$$\boldsymbol{R}=\begin{pmatrix} r_{11} & r_{12} & \cdots & r_{1n} \\ r_{21} & r_{22} & \cdots & r_{2n} \\ \vdots & \vdots & \ddots & \vdots \\ r_{m1} & r_{m2} & \cdots & r_{mn} \end{pmatrix}=(r_{ij}) \tag{4.25}$$

其中，$i=1,2,\cdots,m$；$j=1,2,\cdots,n$。第 j 个样本的 m 个预报因子特征可用向量表示为

$$\boldsymbol{r}_j=(r_{1j},r_{2j},\cdots,r_{mj})^{\mathrm{T}} \tag{4.26}$$

设将 n 个样本因子分为 c 个模式，代表每个模式的 m 个预报因子特征称为预报模式，可用预报模式矩阵式（4.27）表示 c 个模式的 m 个预报因子特征，元素 s_{ih} 表示第 h 个预报模式的第 i 个预报因子特征。

$$\boldsymbol{S}=\begin{pmatrix} s_{11} & s_{12} & \cdots & s_{1c} \\ s_{21} & s_{22} & \cdots & s_{2c} \\ \vdots & \vdots & \ddots & \vdots \\ s_{m1} & s_{m2} & \cdots & s_{mc} \end{pmatrix}=(s_{ih}) \tag{4.27}$$

其中，$i=1,2,\cdots,m$；$h=1,2,\cdots,c$。第 h 个样本的 m 个预报因子特征可用向量表示为

$$\boldsymbol{s}_h=(s_{1h},s_{2h},\cdots,s_{mh})^{\mathrm{T}} \tag{4.28}$$

欲将 n 个样本的 m 个预报因子特征分为 c 个模式，设模糊划分矩阵为

$$\boldsymbol{U}=\begin{bmatrix} u_{11} & u_{12} & \cdots & u_{1n} \\ u_{21} & u_{22} & \cdots & u_{2n} \\ \vdots & \vdots & & \vdots \\ u_{c1} & u_{c2} & \cdots & u_{cn} \end{bmatrix}=(u_{hj}) \tag{4.29}$$

其中，$h=1,2,\cdots,c$；$j=1,2,\cdots,n$。第 j 个样本从属第 h 模式的相对隶属度应满足约束条件：

$$\left.\begin{array}{l} 0 \leqslant u_{hj} \leqslant 1 \\ \sum\limits_{h=1}^{c} u_{hj}=0 \\ \sum\limits_{j=1}^{n} u_{hj}>0 \end{array}\right\} \tag{4.30}$$

由水文成因分析可知，水文现象是流域的气象、自然地理、植被等下垫面条件众多因子综合作用的结果。但各个因子对现象的影响与作用程度并不相同。因此，从成因的观点来看，对对象作出预测的 m 个预报因子应具有不同的权重，设 m 个预报因子的权向量为

$$\boldsymbol{W}=(w_1,w_2,\cdots,w_m) \tag{4.31}$$

寻求水文中长期预报理论模式相当于求解最优模糊预报模式（聚类中心）矩阵（s_{ih}^*）与最优模糊划分矩阵（u_{hj}^*）。为此，应用模糊聚类理论模型可得最优模糊预报模式矩阵（s_{ih}^*）与最优模糊划分矩阵（u_{hj}^*）：

$$s_{ih}=\frac{\sum\limits_{j=1}^{n} u_{hj}^2 w_i^2 r_{ij}}{\sum\limits_{j=1}^{n} u_{hj}^2 w_i^2} \tag{4.32}$$

$$u_{hj}=\frac{1}{\sum\limits_{h=1}^{c}\left\{\dfrac{\sum\limits_{i=1}^{m}[w_i(r_{ij}-s_{ih})]^2}{\sum\limits_{i=1}^{m}[w_i(r_{ij}-s_{ik})]^2}\right\}} \tag{4.33}$$

矩阵（s_{ih}^*）与矩阵（u_{hj}^*）组成水文中长期预报理论模式的基本内容，但还不是全部内容。

为求解（u_{hj}^*）与（s_{ih}^*），必须先给出 m 个预报因子的权向量值。由成因分析可知，对现象影响越大的预报因子，样本与该因子之间的关系越密切，则该预报因子的权重应越大。因此，样本与每个预报因子之间线性相关，其相关系数的绝对值可作为预报因子权重的初始值。

根据概率统计分析，样本与每个预报因子之间的线性相关的相关系数 ρ_i 可按式（4.34）计算：

$$\rho_i=\frac{\sum\limits_{j=1}^{n}(x_{ij}-\overline{x}_i)(y_j-\overline{y})}{\sqrt{\sum\limits_{j=1}^{n}(x_{ij}-\overline{x}_i)^2\sum\limits_{j=1}^{n}(y_j-\overline{y})^2}},\quad i=1,2,\cdots,m \tag{4.34}$$

式中：$\overline{x}_i$ 为预报因子 i 特征值均值；$\overline{y}$ 为样本值的均值。

由于样本与每个预报因子有正相关与负相关两种情况，故取 ρ_i 的绝对值 $|\rho_i|$ 作为预报因子的初始权重，即权向量的初始计算值可以是

$$w=\left(\frac{|\rho_1|}{\sum_{i=1}^{m}|\rho_i|},\frac{|\rho_2|}{\sum_{i=1}^{m}|\rho_i|},\cdots,\frac{|\rho_m|}{\sum_{i=1}^{m}|\rho_i|}\right) \tag{4.35}$$

对于模式数 c 的确定，一般来讲要根据样本的数量，样本越多，模式可以越多，则预报信息量越多，通常情况下可取 $c=3$、5，即将水文样本集分为 3 个或 5 个模式。一般情况，宜分为奇数模式，可以将平均模式作为各个模式的对称中心。

当模式数 c 确定后，给出要求的计算精度 ε，按权向量的初始计算值即可求解最优模糊划分矩阵（u_{hj}^*）与最优模糊预报模式矩阵（s_{ih}^*）。

为了确定每一个样本归属哪一模式，还要求得对应的硬划分，可采取下述两种方法：

（1）按隶属度最大原则归属，即将矩阵（u_{hj}^*）中每一列的元素中最大者取为 1，其余全为 0。这是把样本划归隶属度最大的那一模式。

（2）按与预报模式权距离最小原则归属，即将每个样本与最优模糊预报模式矩阵（s_{ih}^*）进行比较，样本与哪个预报模式权距离最小就属于哪一模式，即第 j 个样本根据

$\min\{\|W(r_j-s_h^*)\|\}=\min\left\{\sqrt{\sum_{i=1}^{m}[w_i(r_{ij}-s_{ih}^*)]^2}\right\}(h=1,2,\cdots,c)$ 归属。

通常两种方法所得样本的归属结果基本上是一致的。当矩阵（u_{hj}^*）中出现样本对各模式的隶属度差别不大时，第二种归属法可能更为合理，经样本归属工作，可得到一个最优硬划分矩阵，即元素为 0 与 1 的布尔矩阵：

$$\boldsymbol{U}_{\mathrm{B}}^*=\begin{pmatrix}0 & 0 & \cdots & 1\\ 1 & 0 & \cdots & 0\\ \vdots & \vdots & \ddots & \vdots\\ 0 & 1 & \cdots & 0\end{pmatrix} \tag{4.36}$$

然后检验样本集中的样本值是否与布尔矩阵式（4.36）的对应模式相一致，如成因分析所筛选的径流的预报因子与实际符合，各个预报因子的权向量初始计算值合理，则样本集中的样本值与布尔矩阵式（4.36）的对应模式就会一致。于是已经确定的最优模糊预报模式矩阵（s_{ih}^*），最优模糊划分矩阵（u_{hj}^*）与预报因子的权向量 $\boldsymbol{w}$ 构成水文中长期预报的理论模式，可根据此模式进行水文中长期预报，具体的预报方法将在 4.5.4 节中论述。

如果有些样本的实测值不能与矩阵式（4.36）中的模式一致，则应在各个预报因子与样本的相关系数 ρ_i 的抽样误差范围内调整预报因子的权向量，重新循环迭代求解（u_{hj}^*）与（s_{ih}^*），并确定硬划分矩阵式（4.36），重新检验样本集的实测值与布尔矩阵式（4.36）对应模式的一致性，如此反复计算与检验，直到满足要求为止。

如果反复调整预报因子的权向量，始终达不到上述要求，则说明由成因分析所筛选的预报因子或部分因子与实际不符，不能据此建立水文中长期预报理论模式，应重新筛选预报因子或补充新的因子。

4.5.4　预报识别决策方法

根据 4.5.3 节中所述，已知：(s_{ih}^*)，(u_{hj}^*)，预报因子权向量 $\boldsymbol{w}$，以及各个模式中归属的样本实测值。

设已测得一组（记为 j 组）待预报对象的前期预报因子值：

$$\boldsymbol{x}_j=(x_{1j},x_{2j},\cdots,x_{mj})^{\mathrm{T}} \tag{4.37}$$

要求预报其相应的预测值 y_j。

根据式（4.18）、式（4.19）循环迭代求解最优矩阵：(s_{ih}^*) 与 (u_{hj}^*)。当 (s_{ih}^*) 一经解得，可得

$$u_{hj}=\frac{1}{\sum_{h=1}^{c}\left\{\frac{\sum_{i=1}^{m}[w_i(r_{ij}-s_{ih}^*)]^2}{\sum_{i=1}^{m}[w_i(r_{ij}-s_{ik}^*)]^2}\right\}} \tag{4.38}$$

式（4.38）为水文中长期预报的决策模型，$h=1,2,\cdots,c$。

用式（4.37）表示的 j 组预报因子值，经式（4.23）、式（4.24）规格化后得

$$\boldsymbol{r}_j=(r_{1j},r_{2j},\cdots,r_{mj})^{\mathrm{T}} \tag{4.39}$$

将已经调整确定的预报因子权向量 $\boldsymbol{w}$ 与 $\boldsymbol{r}_j$ 代入预报决策模型式（4.38）得到 u_{hj}^* 的计算值，其中，$h=1,2,\cdots,c$。即求得 j 组预报因子对于各模式相对隶属度向量：

$$\boldsymbol{u}_j=(u_{1j},u_{2j},\cdots,u_{cj})^{\mathrm{T}} \tag{4.40}$$

将 $\boldsymbol{u}_j$ 与最优模糊划分矩阵 (u_{hj}^*) 比较，充分利用 (u_{hj}^*) 中包含的信息量，做出预报决策。

4.5.5　水文中长期预报实例

新疆伊犁河的雅马渡站有 23 年实测年径流资料与其相应的前期 4 个预报因子实测数据，列于表 4.1。预报因子 x_1(mm) 为前一年 11 月至当年 3 月伊犁气象站的总降雨量；预报因子 x_2(mm) 为前一年 8 月欧亚地区月平均纬向环流指数；预报因子 x_3(mm) 为前一年 5 月欧亚地区径向环流指数；预报因子 x_4（10^{-22} W/m^2 · Hz）为前一年 6 月 2800MHz 太阳射电流量。根据分类所必需的资料数量，并考虑预报检验的需要，将前 17 年资料用于建立预报理论模式，后 6 年资料进行预报检验。

表 4.1　年径流与前期预报因子实测值

样本序号 (j)	x_{1j} /mm	x_{2j}	x_{3j}	x_{4j} /(10^{-22}W/m^2 · Hz)	年径流 y_j /(m^3/s)
1	114.6	1.10	0.71	85	346
2	132.4	0.97	0.54	73	410
3	103.5	0.96	0.66	67	385
4	179.3	0.88	0.59	89	446

续表

样本序号 (j)	x_{1j} /mm	x_{2j}	x_{3j}	x_{4j} /(10^{-22}W/m^2 · Hz)	年径流 y_j /(m^3/s)
5	92.7	1.15	0.44	154	300
6	115.0	0.74	0.65	252	453
7	163.6	0.85	0.58	220	495
8	139.5	0.70	0.59	217	478
9	76.7	0.95	0.51	162	341
10	42.1	1.08	0.47	110	326
11	77.8	1.19	0.57	91	364
12	100.6	0.82	0.59	83	456
13	55.3	0.96	0.40	69	300
14	152.1	1.04	0.49	77	433
15	81.0	1.08	0.54	96	336
16	29.8	0.83	0.49	120	289
17	248.6	0.79	0.50	147	483
18	64.9	0.59	0.50	167	402
19	95.7	1.02	0.48	160	384
20	89.9	0.96	0.39	105	314
21	121.8	0.83	0.60	140	401
22	78.5	0.89	0.44	94	280
23	90.0	0.95	0.43	89	301

为了确定各项预报因子权向量的初始值，根据表 4.1 所给的前 17 年资料，由式 (4.34) 分别计算径流与各个预报因子的相关系数 ρ_i，$i=1$，2，3，4。$\rho_1=0.80$，$\rho_2=-0.63$，$\rho_3=0.44$，$\rho_4=0.40$。

根据式 (4.35) 得 4 个预报因子权向量的初始值

$$\boldsymbol{W}=(0.35,0.28,0.19,0.18)$$

由式 (4.23)、式 (4.24) 将预报因子特征规格化，得预报因子特征规格化矩阵：

$$\boldsymbol{R}=\begin{pmatrix} 0.385 & 0.469 & 0.337 & 0.683 & 0.287 & 0.389 & 0.612 & 0.501 & 0.214 \\ 0.184 & 0.449 & 0.469 & 0.633 & 0.082 & 0.918 & 0.694 & 1.000 & 0.490 \\ 1.000 & 0.452 & 0.839 & 0.613 & 0.129 & 0.806 & 0.581 & 0.613 & 0.355 \\ 0.097 & 0.032 & 0.000 & 0.119 & 0.470 & 1.000 & 0.827 & 0.811 & 0.514 \end{pmatrix.$$
$$\begin{matrix} 0.056 & 0.219 & 0.324 & 0.117 & 0.559 & 0.234 & 0.000 & 1.000 \\ 0.224 & 0.000 & 0.755 & 0.469 & 0.306 & 0.224 & 0.735 & 0.816 \\ 0.226 & 0.548 & 0.613 & 0.000 & 0.290 & 0.452 & 0.290 & 0.323 \\ 0.232 & 0.130 & 0.086 & 0.011 & 0.054 & 0.157 & 0.286 & 0.432 \end{matrix}\right)$$

根据资料数量得实际情况，将径流分为枯、中、丰 3 个模式。按上述原理循环迭代，用实测径流值检验布尔矩阵对应模式的一致性程度，调整权向量，最后得到该流域年径流中长期预报理论模式如下。

最优模糊预报模式矩阵：

$$
\boldsymbol{S}^{*}=\begin{pmatrix}0.156 & 0.399 & 0.637\\ 0.363 & 0.457 & 0.758\\ 0.282 & 0.641 & 0.555\\ 0.256 & 0.118 & 0.613\end{pmatrix}=(s_{ih}^{*})
$$

最优模糊划分矩阵：

$$
\begin{array}{cc|cccccccc}
\text{模式样本} & & (1) & (2) & (3) & (4) & (5) & (6) & (7) & (8)\\
 & (1) & 0.140 & 0.080 & 0.108 & 0.079 & 0.620 & 0.217 & 0.024 & 0.097\\
\boldsymbol{U}^{*}= & (2) & 0.744 & 0.815 & 0.834 & 0.285 & 0.270 & 0.327 & 0.057 & 0.202\\
 & (3) & 0.116 & 0.105 & 0.058 & 0.636 & 0.110 & 0.456 & 0.919 & 0.701
\end{array}
$$

$$
\begin{array}{ccccccccc|}
(9) & (10) & (11) & (12) & (13) & (14) & (15) & (16) & (17)\\
0.771 & 0.899 & 0.610 & 0.170 & 0.823 & 0.144 & 0.707 & 0.781 & 0.126\\
0.170 & 0.073 & 0.325 & 0.754 & 0.129 & 0.539 & 0.250 & 0.153 & 0.231\\
0.059 & 0.028 & 0.065 & 0.076 & 0.048 & 0.317 & 0.043 & 0.066 & 0.643
\end{array}
$$

径流样本实测值：

$$
\begin{array}{cccccccccccc}
\text{样本} & (1) & (2) & (3) & (4) & (5) & (6) & (7) & (8) & (9) & (10) & (11)\\
Y= & 346 & 410 & 385 & 446 & 300 & 453 & 495 & 478 & 341 & 326 & 364\\
 & (12) & (13) & (14) & (15) & (16) & (17) & & & & & \\
 & 456 & 300 & 433 & 336 & 289 & 483) & & & & &
\end{array}
$$

预报因子权向量（调整后）：

$$
\boldsymbol{w}=(0.461,0.145,0.182,0.182)
$$

各预报因子特征的最大、最小值见表 4.2。

表 4.2　　各预报因子的取值范围

i	1	2	3	4
$x_{\max}$	248.6	1.19	0.71	252
$x_{\min}$	29.8	0.7	0.4	67

根据矩阵 $\boldsymbol{U}^{*}$，由于最大隶属度原则可以看到，相应于预报因子的各个分类与其对应的径流样本实测值的大小基本一致。因是模糊划分，故相邻类样本的径流值出现一点重叠是合理的。

预报决策如下。

首先将表 4.1 中第 18～23 年各个预报因子数值按式（4.23）、式（4.24）规格化，得规格化矩阵：

$$
\boldsymbol{R}=\begin{pmatrix}0.160 & 0.301 & 0.274 & 0.420 & 0.223 & 0.275\\ 1.000 & 0.347 & 0.469 & 0.735 & 0.612 & 0.490\\ 0.323 & 0.258 & 0.000 & 0.645 & 0.129 & 0.097\\ 0.541 & 0.503 & 0.205 & 0.395 & 0.146 & 0.119\end{pmatrix}
$$

分别将上面矩阵中的数据代入预报决策模型式（4.38）解得各个预报样本对各模式的最优相对隶属矩阵：

$$
\begin{array}{cccccccc}
 & 样本(18) & (19) & (20) & (21) & (22) & (23) & 模式 \\
\boldsymbol{U}^{**}= & \left(\begin{array}{c} 0.549 \\ 0.286 \\ 0.165 \end{array}\right. & \begin{array}{c} 0.588 \\ 0.324 \\ 0.118 \end{array} & \begin{array}{c} 0.672 \\ 0.242 \\ 0.086 \end{array} & \begin{array}{c} 0.115 \\ 0.668 \\ 0.217 \end{array} & \begin{array}{c} 0.782 \\ 0.167 \\ 0.051 \end{array} & \left.\begin{array}{c} 0.656 \\ 0.269 \\ 0.075 \end{array}\right) & \begin{array}{c} (1) \\ (2) \\ (3) \end{array}
\end{array}
$$

对矩阵 $\boldsymbol{U}^{**}$ 中的各列元素，逐一地与矩阵 $\boldsymbol{U}^{*}$ 中割裂元素进行对比，根据择近原则，尽可能多地利用矩阵 $\boldsymbol{U}^{*}$ 中的信息进行预报决策。例如样本（23）对（1）、（2）、（3）类的相对隶属度与最优模糊划分矩阵 $\boldsymbol{U}^{*}$ 中样本（5）对（1）、（2）、（3）类的相对隶属度接近，因样本（5）年径流为 300，故预报 300m³/s，实测 301m³/s。样本（22）对（1）、（2）、（3）类的相对隶属度与矩阵 $\boldsymbol{U}^{*}$ 中样本（16）对（1）、（2）、（3）类的相对隶属度几乎完全一致，因为样本（16）的年径流为 289m³/s，故预报该年的径流为 289m³/s，实测为 280m³/s。又如样本（21）对各类的相对隶属度与 $\boldsymbol{U}^{*}$ 中样本（1）、（14）较接近，样本（1）、（14）年径流均值 390m³/s，可预报该年的径流为 390m³/s，实测为 410m³/s。样本（20）对各类的相对隶属度与样本（5）、（15）接近，故预报该年的径流为 318m³/s，实测为 314m³/s。样本（19）对各类的相对隶属度与 $\boldsymbol{U}^{*}$ 中样本（11）接近，故预报该年年径流为 364m³/s，而实测 384m³/s。样本（18）对各类的相对隶属度与 $\boldsymbol{U}^{*}$ 中样本（11）接近，故预报为 364m³/s，实测 402m³/s，现列于表 4.3 中。

表 4.3　　　　样本（18）～(23）的预报结果

检验样本	预报值/(m³/s)	实测值/(m³/s)	相对误差/%	是否合格
(18)	364	402	9.5	合格
(19)	364	384	5.2	合格
(20)	318	314	1.3	合格
(21)	390	401	2.7	合格
(22)	289	280	3.2	合格
(23)	300	301	0.3	合格

应该指出，随着径流及其预报因子特征资料的逐年增加，以及资料代表性的日益增强，最优模糊预报模式矩阵（s_{ih}^{*}），最优模糊划分矩阵（u_{hj}^{*}），预报因子的权向量，预报因子特征的最大值 $x_{\max}$、最小值 $x_{\min}$，会有某些变化，这种变化是预报理论模式不断改进与日趋完善的过程。因此，应将每年的径流及其预报因子的实测值，加入资料分析系列，完善预报理论模式，并进行不断地修正。

为了更有效地进行预报，可将预报年已经测到的前期预报因子特征值数据，加入原始资料分析系列，按 4.5.3 节中所述，重新计算最优模糊预报模式矩阵（s_{ih}^{*}）与最优模糊划分矩阵（u_{hj}^{*}），然后，用新建立的有关模式，进行该年的预报。

应指出水文现象是众多因素影响下的综合结果，水文中长期预报是一个十分复杂的问题。本例建立的理论预报模式，可以看出是有效的。

上面建立的水文中长期预报的理论模式与预报决策模型，理论推理严谨。模式中引入预报因子权向量，符合现象的实际情况，使模式的适应能力较强，可通过预报因子权向量的调整与检验，实现对预报因子筛选有效性的信息反馈，便于建立与现实情况相符的有效的预报模式。与国内外的水文中长期预报模式相比有所突破，为提高水文中长期预报的精度提供了一条值得探索的新途径。

4.6 模糊聚类在洪水分类中的应用

4.6.1 概述

洪水分类是洪水分类预报、洪水实时调度和资源化调度的重要依据，通常根据洪水强度的相关影响因素（包括洪峰水位、洪峰流量、洪水历时和洪水总量等指标）采用适当的方法对不同的洪水进行分类，对不同类型的洪水采取相对应的措施进行预报和实时调度，以达到控制洪灾、减小危害和利用洪水资源的目标。目前对洪水分类的研究主要有：马寅午等[4]提出了按流量均值对历史洪水进行分类的聚类分析方法；许成武等[5]提出基于洪水重现期对嘉陵江洪水进行分级。但这些方法均需预先给出洪水类型所对应的洪水要素阈值，而由于洪水的地域性限制，规定统一的洪水要素分类指标值比较困难。为此，魏一鸣等[6]提出基于加速遗传算法和投影寻踪方法的洪水分类模型，董前进和王先甲[7]提出的基于投影寻踪和粒子群优化算法的洪水分类研究取得了较好的效果。但由于洪水过程的复杂性，加上其影响因素的不确定性、模糊性及模型中没有考虑其指标权重的缺点，导致有时分类的结果不太客观、合理。为此，本节介绍一种基于可变模糊集理论给出的考虑模型参数指标权重变化的可变模糊聚类迭代模型。以长江上的南京站的历史洪水样本和宜昌站洪水样本为研究对象进行了洪水分类的研究，结果表明提出的模型能对洪水强度做出准确有效的分类。

4.6.2 基于可变模糊集理论的洪水聚类迭代模型

根据 m 个洪水要素 n 次洪水样本进行聚类，则可得到 $m\times n$ 阶指标特征值矩阵：

$$\boldsymbol{X}_{m\times n}=(x_{ij})_{m\times n},\quad i=1,2,\cdots,m;\quad j=1,2,\cdots,n \tag{4.41}$$

式中：x_{ij} 为样本 j 指标 i 的特征值。

由于 m 个指标特征值物理量纲的不同，对指标特征值进行规格化，即将指标特征值变换为对模糊概念$\underset{\sim}{A}$的指标相对隶属度，对效益型指标即指标特征值越大，类别排序越靠前：

$$r_{ij}=\frac{x_{ij}-\bigwedge\limits_{j}x_{ij}}{\bigvee\limits_{j}x_{ij}-\bigwedge\limits_{j}x_{ij}} \tag{4.42}$$

对成本型指标即指标特征值越小，类别排序越靠前：

$$r_{ij}=\frac{\bigvee\limits_{j}x_{ij}-x_{ij}}{\bigvee\limits_{j}x_{ij}-\bigwedge\limits_{j}x_{ij}} \tag{4.43}$$

式中：r_{ij} 为样本 j 指标 i 对$\underset{\sim}{A}$的相对隶属度；$\vee$、$\wedge$ 分别为取小、取大运算符；$\bigwedge\limits_{j}x_{ij}$、

$\bigvee_j x_{ij}$分别为样本集$j=1,2,\cdots,n$对指标i的特征值取大、取小。

则指标特征值矩阵变为对应的相对隶属度矩阵：

$$\boldsymbol{R}_{m\times n}=(r_{ij})_{m\times n},\quad 0\leqslant r_{ij}\leqslant 1 \tag{4.44}$$

设n次洪水样本依据m个指标特征值按照c个类别进行聚类，样本j对类别h的相对隶属度矩阵为

$$\boldsymbol{U}_{c\times n}=(u_{hj})_{c\times n} \tag{4.45}$$

满足约束条件：$\sum\limits_{h=1}^{c}u_{hj}=1$；$0\leqslant u_{hj}\leqslant 1$；$\sum\limits_{j=1}^{n}u_{hj}>0$

其中，$h=1,2,\cdots,c$，u_{hj}表示样本j对类别h的相对隶属度。

c个类别的模糊聚类中心可以表示为

$$S_{m\times c}=(s_{ih})_{m\times c} \tag{4.46}$$

考虑到不同指标对聚类影响不同，引入指标权向量：

$$\vec{w}=(w_1,w_2,\cdots,w_m)=(w_i) \tag{4.47}$$

满足：

$$\sum_{i=1}^{m}w_i=1,\quad 0\leqslant w_i\leqslant 1 \tag{4.48}$$

则样本j与c个类别的差异综合权衡度量式可表示为

$$f_j(u_j,s)=\sum_{h=1}^{c}\left(u_{hj}^2\left\{\sum_{i=1}^{m}[w_i(r_{ij}-s_{ih})]^p\right\}^{\frac{\alpha}{p}}\right) \tag{4.49}$$

式中：α为优化准则参数；p为距离参数。

建立目标函数：

$$\min\{F(u,s)\}=\{f_1(u_1,s),f_2(u_2,s),\cdots,f_n(u_n,s)\} \tag{4.50}$$

由于洪水样本集中，各样本之间公平竞争，没有任何偏好关系，因此，目标函数式(4.49)可用等权重的线性加权平均法集结为单目标优化问题。

$$\min\{F(u,s)\}=\sum_{j=1}^{n}f_j(u_j,s) \tag{4.51}$$

构造拉格朗日函数：

$$L(U,S,\lambda)=\sum_{j=1}^{n}f_j(u_j,s)-\lambda\left(\sum_{h=1}^{c}u_{hj}-1\right) \tag{4.52}$$

满足约束条件：

$$\sum_{h=1}^{c}u_{hj}-1=0\ ;\ 0<u_{hj}<1;\ \sum_{j=1}^{n}u_{hj}>0 \tag{4.53}$$

令

$$\frac{\partial L}{\partial u_{hj}}=0;\ \frac{\partial L}{\partial s_{ih}}=0;\ \frac{\partial L}{\partial \lambda}=0$$

解得可变模糊聚类循环迭代模型：

$$
u_{hj}=\begin{cases}0, & d_{kj}=0,\ k\neq h\\ \left\{\sum_{k=1}^{c}\left\{\dfrac{\sum_{i=1}^{m}[w_i(r_{ij}-s_{ih})]^p}{\sum_{i=1}^{m}[w_i(r_{ij}-s_{ik})]^p}\right\}^{\frac{\alpha}{p}}\right\}^{-1} & d_{hj}\neq 0\\ 1, & d_{hj}=0\end{cases} \tag{4.54}
$$

$$
s_{ih}=\frac{\sum_{j=1}^{n}u_{hj}^{\frac{2}{p-1}}r_{ij}}{\sum_{j=1}^{n}u_{hj}^{\frac{2}{p-1}}} \tag{4.55}
$$

需要满足约束条件：$\dfrac{\alpha}{p}=1$，$p\neq1$。

其求解步骤如下：

（1）给定优化准则参数 α、距离参数 p、聚类数 c、权重 ω_i 及迭代计算精度 ε_1，ε_2。

（2）给定满足约束条件式（4.53）的初始模糊聚类矩阵 μ_{hj}^{l}。

（3）根据式（4.55）计算 s_{ih}^{l}。

（4）根据式（5.54）计算 μ_{hj}^{l+1}，然后根据式（4.55）计算 s_{ih}^{l+1}。

（5）如满足约束条件：

$$
\left.\begin{aligned}\max|\mu_{hj}^{l+1}-\mu_{hj}^{l}|<\varepsilon_1\\ \max|s_{ih}^{l+1}-s_{ih}^{l}|<\varepsilon_2\end{aligned}\right\} \tag{4.56}
$$

则迭代结束，否则 $l=l+1$，转入步骤（4）继续进行迭代计算。

可变迭代模型式（4.54）、式（4.55）通常有两种变化，即 $\alpha=2$、$p=2$，$\alpha=3$、$p=3$，模型参数的变化还有权重参数 ω 和聚类参数 c。当 $\alpha=2$ 时，利用梯度下降迭代即能收敛，并能得到合理的计算结果。当 $\alpha=3$ 时，应用梯度下降迭代计算易陷入局部极小点。因此，在本节的研究中，取 $\alpha=2$、$p=2$。

4.6.3　实例

1. 南京站

根据长江下游南京站的 10 次历史洪水样本，取洪峰水位、洪水位超过 9m 的天数、大通洪峰流量、5—9 月洪水流量以及流量与历时综合指标为聚类要素，其中综合指标为流量历史加权综合值，利用模糊聚类迭代模型进行聚类分析，将其分成特大洪水、大洪水和中等洪水 3 个类别，其规格化数据列于表 4.4。根据南京站历史洪水特性及文献［7］对各指标对洪水强度的影响进行分析，确定指标权重 ω_i 依次为 0.16、0.25、0.19、0.15、0.25，取模糊聚类矩阵与聚类中心矩阵迭代计算精度 $\varepsilon_1=0.001$、$\varepsilon_2=0.001$，设 $\alpha=p=2$，给出初始模糊聚类矩阵（u_{hj}^{0}），应用洪水聚类迭代模型，求得最优模糊聚类矩阵（u_{hj}^{*}）列于表 4.5。

表 4.4　长江下游南京站的历史洪水样本规格化

年份	洪峰水位 /m	洪水位超过 9m 天数 /d	大通洪峰流量 /(m^3/s)	5—9 月洪量 /亿 m^3	流量与历时综合指标
1954	1.0000	1.0000	1.0000	1.0000	1.0000
1969	0.1207	0.0125	0.1354	0.0423	0.0217
1973	0.1121	0.0000	0.2153	0.3693	0.2739
1980	0.1207	0.0375	0.0069	0.2906	0.1855
1983	0.8017	0.2500	0.3056	0.3743	0.3189
1991	0.5517	0.1250	0.0000	0.0781	0.0570
1992	0.0000	0.0750	0.1354	0.0000	0.0000
1995	0.5172	0.2000	0.4063	0.2411	0.1309
1996	0.7155	0.3375	0.3924	0.2533	0.1810
1998	0.9310	0.9250	0.6354	0.6891	0.5957

表 4.5　南京站最优模糊聚类矩阵

年份	1954	1969	1973	1980	1983	1991	1992	1995	1996	1998
1 类	0.95	0.01	0.02	0.01	0.02	0.03	0.01	0.01	0.01	0.85
2 类	0.03	0.05	0.20	0.08	0.91	0.40	0.08	0.86	0.96	0.10
3 类	0.02	0.95	0.77	0.92	0.07	0.57	0.91	0.13	0.03	0.05
H_j	1.07	2.93	2.76	2.91	2.05	2.55	2.90	2.11	2.02	1.19

根据表 4.5 中 10 次历史洪水样本对特大洪水、大洪水和中等洪水 3 个类别，即 1 类、2 类、3 类的相对隶属度数据，应用文献［6］类别（级别）特征值公式（17），得 10 次历史洪水样本归属各类的类别特征值 H_j 列于表 4.5 第 5 行。

$$H_j = \sum_{h=1}^{c} u_{hj} h \tag{4.57}$$

根据下列不等式：

$1 < H \leqslant 1.5$，归属 1 类；

$1.5 < H \leqslant 2.5$，归属 2 类；

$2.5 < H \leqslant 3.5$，归属 3 类；

来确定 10 次历史洪水样本的归属类别如下。

1954 年和 1998 年的洪水为第 1 类特大洪水；1983 年、1995 年和 1996 年的洪水为第 2 类大洪水；1969 年、1973 年、1980 年、1991 年和 1992 年的洪水为第 3 类中等洪水。这与文献［8］分成三类的结果是一致的。

2. 宜昌站

根据文献［8］提供的宜昌站的 12 次历史洪水样本，取最高水位、洪峰流量、3d 洪量、7d 洪量以 7d 洪量指标为聚类要素，利用本节提出的模糊聚类迭代模型进行聚类分析，将其分成特大洪水、大洪水、中等洪水 3 个类别，其规格化数据列于表 4.6。在本例中根据各指标属性的特性，可以认为他们对洪水强度的影响同等重要，因此确定指标权重

ω_i 依次为0.2、0.2、0.2、0.2、0.2，取模糊聚类矩阵与聚类中心矩阵迭代计算精度$\varepsilon_1=0.001$、$\varepsilon_2=0.001$，设$\alpha=p=2$，给出初始模糊聚类矩阵（u_{hj}^0），应用洪水聚类迭代模型，求得最优模糊聚类矩阵（u_{hj}^*），列于表4.7。

表4.6　　　　宜昌站历史洪水样本规格化

年份	最高水位 /m	洪峰流量 /(m³/s)	3d洪量 /亿m³	7d洪量 /亿m³	15d洪量 /亿m³
1931	0.8325	0.7855	0.8620	0.7921	0.5607
1935	0.7311	0.5190	0.4748	0.3925	0.2609
1954	1.0000	0.8616	0.9644	1.0000	1.0000
1958	0.4717	0.6090	0.6484	0.5223	0.3701
1966	0.5920	0.6125	0.6914	0.6957	0.4832
1969	0.0000	0.0000	0.0000	0.0000	0.0000
1974	0.7689	0.6609	0.6929	0.5015	0.3580
1980	0.5920	0.4394	0.5134	0.4967	0.3577
1981	0.9175	1.0000	1.0000	0.6992	0.3918
1982	0.7241	0.5917	0.6202	0.5146	0.4602
1983	0.4151	0.3702	0.3680	0.3020	0.2121
1998	0.7099	0.7509	0.6855	0.7767	0.8474

表4.7　　　　宜昌站最优模糊聚类矩阵

年份	1931	1935	1954	1958	1966	1969	1974	1980	1981	1982	1983	1998
1类	0.92	0.07	0.84	0.07	0.24	0.00	0.12	0.04	0.73	0.06	0.11	0.79
2类	0.07	0.90	0.13	0.91	0.74	0.00	0.86	0.95	0.24	0.93	0.64	0.19
3类	0.01	0.04	0.03	0.02	0.03	1.00	0.02	0.02	0.03	0.01	0.25	0.02
H_j	1.19	1.97	1.08	1.95	1.79	3.00	1.90	1.98	1.31	1.95	2.14	1.24

根据表4.7中12次历史洪水样本对特大洪水、大洪水和中等洪水3个类别，即1类、2类、3类的相对隶属度数据，应用类别（级别）特征值公式，得12次历史洪水样本归属各类的类别特征值H_j列于表4.7第5行。

根据下列不等式：

$1<H\leqslant1.5$，归属1类；

$1.5<H\leqslant2.5$，归属2类；

$2.5<H\leqslant3.5$，归属3类；

来确定12次历史洪水样本的归属类别如下。

1931年、1954年、1981年和1998年的洪水为第1类特大洪水；1935年、1958年、1966年、1974年、1980年、1982年和1983年的洪水为第2类大洪水；1969年的洪水为第3类中等洪水。这与文献［8］分成三类的结果是一致的。文献［8］中认为1983年洪水介于大洪水与中等洪水之间，从文献［8］图1中可以看出1983年的洪水样本投影值介于 1980 年和 1969 年之间，与本节计算的类别特征值是一致的。从表 4.6 归一化的数据和表 4.7 计算数据及文献［7］中图 1 可以看出，应该把 1983 年的洪水归为大洪水更合理。

作为洪水分类预报、洪水实时调度和资源化调度的重要依据，研究如何根据影响因素指标对洪水准确分类，无论是理论还是实践上都是一个重要的课题。洪水过程是一种高度复杂的自然现象，且其影响因素具有模糊性和不确定性的特征。本节在分析总结洪水分类的基础上，提出一种基于可变模糊集理论给出的考虑模型参数指标权重变化的可变模糊聚类迭代模型。该模型既能有效处理洪水分类指标的不确定性和模糊性，又克服了以往对洪水分类不考虑其指标影响权重的不足，充分发挥了人的主观能动性。实例分析结果表明，提出的模型不仅计算方便，且聚类效果准确合理，具有较高的应用价值。

第5章 模糊识别模型的概念及其应用

5.1 模糊识别模型

设有待识别的 n 个样本组成样本集，依据 m 个指标 i 的特征值，按已知 c 个级别指标标准值模式对样本进行识别，其指标特征值与指标标准特征值矩阵分别为

$$\boldsymbol{X}=(x_{ij}),\quad i=1,2,\cdots,m;\quad j=1,2,\cdots,n \tag{5.1}$$

$$\boldsymbol{Y}=(y_{ih}),\quad h=1,2,\cdots,c \tag{5.2}$$

由于指标特征值、指标标准特征值量纲不同，需要对其进行规格化处理，通常指标分为：①递增型（越小越优或成本型），即 $1\sim c$ 级指标标准特征值递增；②递减型（越大越优或效益型），即 $1\sim c$ 级指标标准特征值递减。越小越优、越大越优型指标与指标标准特征值的规格化公式分别为

$$r_{ij}=\begin{cases}0\quad, & x_{ij}\geqslant y_{ic}(\text{递增型}),x_{ij}\leqslant y_{ic}(\text{递减型})\\ \dfrac{y_{ic}-x_{ij}}{y_{ic}-y_{i1}}(\text{递增或递减型}) & \\ 1\quad, & x_{ij}\leqslant y_{i1}(\text{递增型}),x_{ij}\geqslant y_{i1}(\text{递减型})\end{cases} \tag{5.3}$$

$$s_{ij}=\begin{cases}0\quad, & y_{ih}=y_{ic}(\text{递增或递减型})\\ \dfrac{y_{ic}-y_{ih}}{y_{ic}-y_{i1}}(\text{递增或递减型}) & \\ 1\quad, & y_{ih}=y_{i1}(\text{递增或递减型})\end{cases} \tag{5.4}$$

式中：r_{ij} 为样本 j 指标 i 特征值对待识别（或评价）模糊概念 $\underset{\sim}{A}$ 的相对隶属度，即规格化数；y_{i1}、y_{ih}、y_{ic} 为指标 i 的 1 级、h 级、c 级标准特征值。

经规格化处理后可得指标特征值与指标标准特征值规格化矩阵：

$$\boldsymbol{R}=(r_{ij}),\quad i=1,2,\cdots,n \tag{5.5}$$

$$\boldsymbol{S}=(s_{ih}),\quad h=1,2,\cdots,c \tag{5.6}$$

式中：s_{ih} 为级别 h 指标 i 标准特征值 y_{ih} 的规格化数。

设 n 个样本依据 c 个级别的标准模式矩阵 $\boldsymbol{S}$ 按 m 个指标特征值矩阵（r_{ij}）进行识别，其模糊模式识别矩阵为

$$\boldsymbol{U}=(u_{hj}),\quad h=1,2,\cdots,c;\quad j=1,2,\cdots,n \tag{5.7}$$

满足条件：

$$\sum_{h=1}^{c}u_{hj}=1,\quad 0\leqslant u_{hj}\leqslant 1,\quad \sum_{j=1}^{n}u_{hj}>0 \tag{5.8}$$

设识别指标的权向量为

$$\vec{w}=(w_1 \quad w_2 \quad \cdots \quad w_m)=(w_i) \tag{5.9}$$

满足 $\sum_{i=1}^{m} w_i=1$，$0\leqslant w_i\leqslant 1$。

在模糊模式识别中，级别 $h(h=1,2,\cdots,c)$ 的模糊识别特征值矩阵或标准模式矩阵 (s_{ih}) 是已知矩阵，因此可变模糊模式识别模型，是可变模糊聚类循环迭代模型的特例，即已知矩阵 $\boldsymbol{S}$。由此可见模型式（4.18）、式（4.20）组成可变模糊模式识别迭代模型。

设样本 j 的 m 个指标相对隶属度 r_{1j}，r_{2j}，…，r_{mj} 分别与矩阵 $\boldsymbol{S}$ 的 $1,2,\cdots,m$ 行的行向量 $(s_{11},s_{12},\cdots,s_{1c})$，$(s_{21},s_{22},\cdots,s_{2c})$，…，$(s_{m1},s_{m2},\cdots,s_{mc})$ 逐个地进行比较，可得样本 j 的级别上限值 b_j 与级别下限值 a_j。由于可变模糊聚类循环迭代模型式（4.18）～式（4.20）应满足 $\sum_{h=1}^{c} u_{hj}=1$ 约束条件，可变模糊模式识别迭代模型式（4.18）、式（4.20）同样应满足 $\sum_{h=1}^{c} u_{hj}=1$。但是在 $a_j>1$、$b_j<c$ 的情况下，可变模糊模式识别模型式（4.18）同样应满足 $\sum_{h=a_j}^{b_j} u_{hj}=1$，从而模型式（4.18）变为

$$u_{hj}=\begin{cases}\left\{\sum_{k=a_j}^{b_j}\left[\dfrac{\sum_{i=1}^{m}(w_i\mid r_{ij}-s_{ih}\mid)^p}{\sum_{i=1}^{m}(w_i\mid r_{ij}-s_{ik}\mid)^p}\right]^{\frac{\alpha}{p}}\right\}^{-1}, & a_j\leqslant h\leqslant b_j\\ 0,\quad 1\leqslant h<a_j \quad \text{或} \quad c\geqslant h>b_j\end{cases} \tag{5.10}$$

式（5.10）既满足 $\sum_{h=a_j}^{b_j} u_{hj}=1$，也满足 $\sum_{h=1}^{c} u_{hj}=1$，当识别指标不在 $(a_j,\ b_j)$ 区间范围内时，符合样本 j 对范围外级别相对隶属度为零即 $u_{hj}=0$ 的物理概念。模型式（4.20）、式（5.10）称为可变模糊模式识别交义迭代模型。当采用欧氏距离 $p=2$ 时，相应地变为陈守煜教授在文献［8］中提出的模糊模式识别交义迭代模型。

由于可变模糊模式识别交义迭代模型式（4.20）、式（5.10）中识别指标权向量的可变性，通常应根据实际问题的性质而变。例如在水库调度多目标（或多准则）决策中，主汛期防洪目标（指标）的权重显然应大于其他的目标权重，以确保水库的防洪安全，但在汛后期，可适当加大兴利（如农业）目标权重，使水库多蓄部分水量。2009 年 1、2 月我国 8 省发生 30～50 年一遇的特大旱灾，山西、陕西、甘肃 3 省水库等水源地的蓄水量严重不足，国家防汛抗旱总指挥部（简称国家防总）于 2 月 5 日发布 1 级抗旱应急措施，投入了大量的人力、财力、物力来确保 2009 年 4 月农业春灌季节供水高峰时期的灌溉水量。由此可见，可变模糊集理论关于指标（或目标）可变权重的概念，无论在理论还是应用上均很有意义。

根据以上论述，可变模糊模式识别交义迭代模型式（4.20）、式（5.10），可在纯数学问题中交叉迭代求解，当取用欧氏距离 $p=2$ 时，迭代是收敛的。但是在非纯数学的实际问题中，可以根据实际问题的两种不同性质分别使用。已知样本集对各个级别 h 的相对隶属度矩阵 (u_{hj}) 时，可以应用模型式（4.20）求指标 i 的最优权向量 (W_i^*)，即已知

(u_{hj}) 求其逆命题的解 W_i，在经典模糊集理论中相当于求解 $c=2$ 时模糊关系方程命题的解，但用模型式（4.20）可以求解 $c\geqslant 2$ 的逆命题。

已知可变的指标权向量 $\boldsymbol{W}_i$，可以应用模型式（5.10）求解样本集对各个级别 h 的最优相对隶属度矩阵 (u_{hj}^*)，这是正命题，在理论与实际应用上均有重要意义。

对于可变模糊模式识别模型式（5.10），当已知 $\boldsymbol{W}_i$，即正命题时，由于没有 $\frac{\alpha}{p}=1$ 条件的约束，因此，不仅指标权向量 $\boldsymbol{W}_i$ 可变，且模型参数 α、p 也可变，突破了传统方法只用一种模型对命题进行识别或评价的做法，提高了对命题识别、评价的可靠性。在通常情况下，模型式（5.10）中参数 α、p 可以有 4 种组合：① $\alpha=1$、$p=1$；② $\alpha=1$、$p=2$；③ $\alpha=2$、$p=1$；④ $\alpha=2$、$p=2$。

在实际应用中有时对指标标准特征值并无明确规定，r_{ij}、s_{ih} 不能用规格化公式（5.3）、式（5.4）计算，建议如下。

对于越大越优效益型识别指标：

$$r_{ij}=\frac{x_{ij}}{\max\limits_{j} x_{ij}} \tag{5.11}$$

对于越小越优成本型识别指标：

$$r_{ij}=\begin{cases}\dfrac{\min\limits_{j} x_{ij}}{x_{ij}}, & \min\limits_{j} x_{ij}\neq 0\\[2ex] 1-\dfrac{x_{ij}}{\max\limits_{j} x_{ij}}, & \min\limits_{j} x_{ij}=0\end{cases} \tag{5.12}$$

对无论是效益还是成本型识别指标，s_{ih} 可以用式（5.13）计算：

$$\boldsymbol{S}=\begin{pmatrix}1 & \dfrac{c-2}{c-1} & \dfrac{c-3}{c-1} & \cdots & 0\end{pmatrix}=(s_{ih}),\ \forall i \tag{5.13}$$

如 $c=5$，根据我国传统分级制标准中 60 分为及格的观点，也可采用

$$\boldsymbol{S}=(1\quad 0.8\quad 0.6\quad 0.3\quad 0)=(s_{ih}),\ \forall i \tag{5.14}$$

根据前面论述，经典模糊数学中最大隶属度原则不适用于多级模糊模式识别综合评价，提出级别特征值模型。

$$\underset{j}{H}=(1,2,\cdots,c)\cdot(u_{hj}) \tag{5.15}$$

对多级模糊模式识别的结果进行归属于哪一级别的综合识别或评价。

可变模糊模式识别模型式（5.10），是可变模糊集理论中十分重要的变化模型，由于模糊概念 $\underset{\sim}{A}$ 的可变性，可应用于自然、工程、管理、人文、社会等各种学科中众多实际领域。

5.2　基于模糊识别模型的径流典型年选择

5.2.1　概述

在水文系统中要选设计径流典型年，即确定枯水、中水与丰水年的径流典型。传统水

文计算典型年的选择方法基本上是经验方法，理论依据不足。应该指出：过程线的典型与不典型找不到明确的界限。因此，径流典型年选择需要考虑典型概念的模糊性，即径流典型年选择是一个模糊模式识别问题。

5.2.2 设计时段径流频率标准的选定与模比系数的规格化公式

选择设计径流典型年涉及设计时段径流频率标准值的选定。根据水利计算的要求，本节选定下面 11 个设计时段径流的频率标准值。表示丰水的设计时段径流频率 $p(\%)$ 的标准值为 1%、3%、5%、10%、25%。它们分别对应于 100 年、33.3 年、20 年、10 年、4 年一遇不同重现期的丰水年。表示中水或平水的设计时段径流频率 $p=50\%$，它相当于 2 年一遇的中水年。表示枯水的设计时段径流频率 $p(\%)$ 的标准值为 75%、90%、95%、97%、99%。它们分别对应于 4 年、10 年、20 年、33.3 年、100 年一遇各种重现期的枯水年。

水文系统中时段径流通常用皮尔逊Ⅲ型频率曲线加以描述，其分布参数为变差系数 C_v 与偏态系数 C_s。根据不同 C_s 与频率 $p(\%)$ 查询皮尔逊Ⅲ型频率曲线的离均系数 $\phi_{p\%}$ 值表，用公式

$$K_{p\%}=\phi_{p\%}C_v+1 \tag{5.16}$$

式中：$K_{p\%}$ 为频率 $p(\%)$ 时段径流模比系数，$K_{p\%}=W_{p\%}/\overline{W}$，其中 $W_{p\%}$ 为频率 $p(\%)$ 的时段径流；$\overline{W}$ 为时段径流的多年平均值。

为了进行模糊集分析，需要将不同频率的时段径流模比系数 $K_{p\%}$ 进行规格化处理，即将 $K_{p\%}$ 变为 [0，1] 闭区间内的数 $S_{p\%}$，$0\leqslant S_{p\%}\leqslant 1$。根据上面选定的频率标准值，规定频率标准值 $p\%$ 等于 1% 时段径流模比系数 $K_{1\%}$ 者，其规格化数等于 1，频率 $p\%$ 等于 99% 时段径流模比系数者，其规格化数等于 0。其余频率时段径流模比系数 $K_{1\%}$ 的规格化数 $S_{p\%}$ 可由线性公式（5.17）内插确定：

$$S_{p\%}=\frac{K_{p\%}-K_{99\%}}{K_{1\%}-K_{99\%}} \tag{5.17}$$

设选择设计径流典型年需考虑 m 个时段径流值。为了论述方便，分别用序号 1，2，…，11$=c$ 表示频率标准 1%，3%，…，99%。第 i 时段径流频率序号为 h 的模比系数 K_{ih} 的规格化数以 S_{ih} 表示。根据规定，时段径流为 i，频率序号为 h 的模比系数 K_{ih} 的规格化公式为

$$S_{ih}=\frac{K_{ih}-K_{ic}}{K_{i1}-K_{ic}} \tag{5.18}$$

其中，$i=1,2,\cdots,m$；$h=1,2,\cdots,c$；$0\leqslant S_{ih}\leqslant 1$，$S_{i1}=1$，$S_{ic}=0$。

已知时段径流 i 的 C_{V_i}、C_{S_i}，由皮尔逊Ⅲ型频率曲线离均系数 $\phi_{p\%}$ 表、式（5.16）与式（5.18），可以得到时段径流为 i，频率序号为 h 的模比系数 K_{ih} 的规格化矩阵为

$$\boldsymbol{S}_{m\times c}=\begin{bmatrix} S_{11} & S_{12} & \cdots & S_{1c} \\ S_{21} & S_{22} & \cdots & S_{2c} \\ \vdots & \vdots & \ddots & \vdots \\ S_{m1} & S_{m2} & \cdots & S_{mc} \end{bmatrix} \tag{5.19}$$

其中，$i=1,2,\cdots,m$；$h=1,2,\cdots,c$。矩阵式（5.19）成为时段径流频率标准模式矩阵，它是识别设计径流典型年的标准模式。

5.2.3 选择设计径流典型年的模糊识别方法

设有 m 个不同时段长度的径流样本系列，样本的容量为 n，时段径流以模比系数表示。其中，样本 j 时段径流 i 的模比系数为 K_{ij}，$i=1,2,\cdots,m$；$j=1,2,\cdots,n$。为了进行模糊集分析，对模比系数 K_{ij} 做规格化处理。规定 K_{ij} 小于、等于 1%时段径流 i 模比系数 K_{i1} 者，其规格化数等于 1；K_{ij} 大于、等于 99%时段径流 i 模比系数 K_{ic} 者，其规格化数等于 0。K_{ij} 介于 K_{i1} 和 K_{ic} 之间的，其规格化数 r_{ij} 由线性公式（5.20）内插确定：

$$r_{ij}=\frac{K_{ij}-K_{ic}}{K_{i1}-K_{ic}} \tag{5.20}$$

设已知样本 j 的 m 个时段径流模比系数的规格化数向量为

$$\boldsymbol{r}_j=(r_{1j},r_{2j},\cdots,r_{mj})^{\mathrm{T}} \quad i=1,2,\cdots,m \tag{5.21}$$

将向量式（5.21）中的元素 r_{ij} 与频率标准模式矩阵式（5.19）中同一序号 i 的对应元素 S_{ih}，逐行地进行比较，确定序号 h 的最小值 $a_{\min}$ 与最大值 $a_{\max}$，显然有 $1\leqslant a_{\min}\leqslant a_{\max}\leqslant c$。

设样本 j 对于径流频率序号 h 的相对隶属度为 u_{hj}，由物理分析可知，样本 j 对于频率序号小于 $a_{\min}$、大于 $a_{\max}$ 的相对隶属度均为 0，即

$$u_{hj}=0,h<a_{\min} \text{ 或 } h>a_{\max} \tag{5.22}$$

因此，确定样本 j 对于径流频率序号 h 的相对隶属度 u_{hj} 可应用模糊模式识别理论模型。

设已知样本容量为 n 的 m 个时段径流（以模比系数表示），则有 $m\times n$ 阶时段径流矩阵：

$$\boldsymbol{K}_{m\times n}=\begin{bmatrix} K_{11} & K_{12} & \cdots & K_{1n} \\ K_{21} & K_{22} & \cdots & K_{2n} \\ \vdots & \vdots & \ddots & \vdots \\ K_{m1} & K_{m2} & \cdots & K_{mn} \end{bmatrix} \tag{5.23}$$

其中，$i=1,2,\cdots,m$；$j=1,2,\cdots,n$。

应用式（5.20）将矩阵式（5.23）变为相应的规格化矩阵：

$$\boldsymbol{R}_{m\times n}=\begin{bmatrix} r_{11} & r_{12} & \cdots & r_{1n} \\ r_{21} & r_{22} & \cdots & r_{2n} \\ \vdots & \vdots & \ddots & \vdots \\ r_{m1} & r_{m2} & \cdots & r_{mn} \end{bmatrix} \tag{5.24}$$

应用模糊模式识别模型，可以解得径流样本集对于各个径流频率序号 h 或各级径流频率 p(%) 的相对隶属度矩阵：

$$\boldsymbol{U}_{c\times n}=\begin{bmatrix} u_{11} & u_{12} & \cdots & u_{1n} \\ u_{21} & u_{22} & \cdots & u_{2n} \\ \vdots & \vdots & \ddots & \vdots \\ u_{c1} & u_{c2} & \cdots & u_{cn} \end{bmatrix} \tag{5.25}$$

其中，$h=1,2,\cdots,c$；$j=1,2,\cdots,n$。

按矩阵式（5.25）与级别变量特征值，可选择适合于设计频率要求的径流丰、中、枯不同类型的典型年。

5.2.4 实例

某水库坝址处有18年的年、月径流系列，列于表5.1，各种时段（年，最小七个月、最小五个月、最小三个月）径流均以模比系数表示。试用本节提出的方法选择 $p=10\%$ 的丰水年、$p=50\%$ 的中水年、$p=90\%$ 的枯水年。

进行各个时段径流的频率分析计算，求频率 $p=1\%$，3%，…，99% 的模比系数 $K_{p\%}$，列于表5.2。频率分析中年径流量，最小七个月、五个月、三个月径流量的 C_v 值分别为0.32、0.45、0.47、0.50，其 C_s 值均等于 $2C_v$。

表5.1　年、月径流系列

年　份	年径流量（1）	连续最小径流量		
		七个月（2）	五个月（3）	三个月（4）
（1）1958—1959年	1.078	0.722	0.845	0.695
（2）1959—1960年	0.708	0.864	0.750	0.798
（3）1960—1961年	0.912	0.922	0.639	0.654
（4）1961—1962年	0.877	0.903	0.772	0.771
（5）1962—1963年	1.308	0.735	0.800	0.688
（6）1963—1964年	0.431	0.689	0.522	0.548
（7）1964—1965年	0.716	0.573	0.503	0.415
（8）1965—1966年	0.945	1.890	2.244	2.615
（9）1966—1967年	0.930	0.644	0.611	0.670
（10）1967—1968年	0.994	0.440	0.427	0.489
（11）1968—1969年	1.147	0.984	0.794	0.776
（12）1969—1970年	0.941	0.935	0.994	1.034
（13）1970—1971年	1.370	1.304	1.417	1.429
（14）1971—1972年	0.658	0.641	0.722	0.581
（15）1972—1973年	1.027	1.715	1.600	1.593
（16）1973—1974年	1.612	0.793	0.806	0.657
（17）1974—1975年	0.766	1.586	1.311	1.341
（18）1975—1976年	1.536	1.641	1.778	1.780
多年平均/(m^3/s·月)	131.6	30.9	18.0	9.10

表 5.2 各种时段、频率的径流模比系数

时段 \ p/%	1	3	5	10	25	50	75	90	95	97	99
年	1.898	1.682	1.580	1.428	1.193	0.966	0.768	0.620	0.540	0.490	0.412
最小七个月	2.330	1.999	1.840	1.600	1.257	0.930	0.670	0.480	0.400	0.339	0.260
最小五个月	2.402	2.049	1.880	1.628	1.264	0.926	0.658	0.464	0.376	0.319	0.240
最小三个月	2.510	2.125	1.940	1.670	1.275	0.920	0.640	0.440	0.340	0.290	0.210

将表 5.2 中各时段、频率的径流模比系数值进行规格化，得到时段径流频率标准模式矩阵：

$$\boldsymbol{S}_{4\times 11}=\begin{bmatrix}1 & 0.855 & 0.786 & 0.684 & 0.526 & 0.373 & 0.240 & 0.140 & 0.086 & 0.053 & 0\\ 1 & 0.840 & 0.763 & 0.647 & 0.482 & 0.324 & 0.198 & 0.106 & 0.068 & 0.038 & 0\\ 1 & 0.837 & 0.758 & 0.642 & 0.474 & 0.317 & 0.193 & 0.104 & 0.063 & 0.036 & 0\\ 1 & 0.833 & 0.752 & 0.635 & 0.463 & 0.309 & 0.187 & 0.100 & 0.056 & 0.035 & 0\end{bmatrix}=(S_{ih})$$

其中，$i=1,2,3,4$；$h=1,2,\cdots,11$。

将表 5.1 中各时段径流样本的模比系数值用式（5.20）进行规格化，得到样本集的时段径流模比系数规格化矩阵：

$$\boldsymbol{R}_{4\times 18}=\begin{bmatrix}0.448 & 0.199 & 0.337 & 0.313 & 0.603 & 0.013 & 0.205 & 0.358 & 0.348\\ 0.223 & 0.292 & 0.320 & 0.311 & 0.229 & 0.207 & 0.151 & 0.787 & 0.186\\ 0.280 & 0.236 & 0.184 & 0.246 & 0.259 & 0.131 & 0.122 & 0.927 & 0.172\\ 0.211 & 0.256 & 0.193 & 0.244 & 0.208 & 0.147 & 0.089 & 1.000 & 0.200\end{bmatrix.$$
$$\begin{bmatrix}.0.329 & 0.495 & 0.356 & 0.645 & 0.166 & 0.414 & 0.808 & 0.238 & 0.756\\ 0.087 & 0.350 & 0.326 & 0.504 & 0.184 & 0.703 & 0.257 & 0.640 & 0.667\\ 0.087 & 0.256 & 0.349 & 0.544 & 0.223 & 0.629 & 0.262 & 0.495 & 0.711\\ 0.121 & 0.246 & 0.358 & 0.530 & 0.161 & 0.602 & 0.194 & 0.492 & 0.683\end{bmatrix}$$
$$=(r_{ij})$$

其中，$i=1,2,3,4$；$j=1,2,\cdots,18$。

应用模糊模式识别模型解得样本集对各个径流频率序号 h 或各级径流频率 p（%）的相对隶属度矩阵 $\boldsymbol{U}_{11\times 18}$。

现以样本 $j=1$（矩阵 $\boldsymbol{R}_{4\times 18}$ 第一列元素）的计算为例做一简要说明。

矩阵 $\boldsymbol{R}_{4\times 18}$ 第 1 行第 1 列元素值 0.448，其值居于矩阵 $\boldsymbol{S}_{4\times 11}$ 第 1 行第 5、6 列的值之间（序号 h 为 5 或 6）；矩阵 $\boldsymbol{R}_{4\times 18}$ 第 2 行第 1 列、第 3 行第 1 列、第 4 行第 1 列元素值为 0.223、0.280、0.211，其值居于矩阵 $\boldsymbol{S}_{4\times 11}$ 第 2、3、4 行的第 6、7 列的值之间。故序号 h 的最小值 $a_{\min}=5$，最大值 $a_{\max}=7$。

将矩阵 $\boldsymbol{R}_{4\times 18}$ 第 1 列与矩阵 $\boldsymbol{S}_{4\times 11}$ 第 5、6、7 列的有关数据分别代入模糊模式识别模型，得到 $u_{51}=0.080$，$u_{61}=0.506$，$u_{71}=0.414$，$u_{h1}=0$，$h=1$，2，3，4，8，9，10，11。

上述计算结果是矩阵 $\boldsymbol{U}_{11\times 18}$ 的第 1 列元素。类似地对 $j=2,3,\cdots,18$ 进行计算，得到

矩阵 $\boldsymbol{U}_{11\times18}$。矩阵 $\boldsymbol{U}_{11\times18}$ 全面、详细地给出了样本集对于各级径流频率的相对隶属度，系统地描述了样本集对于各级 p(%) 的隶属状况，反映了全部样本的丰、中、枯的程度。因此，它是选择设计径流典型年的依据。

根据级别变量特征值，可选最近于 $p=50\%$（$h=6$）的级别变量特征值 $H_{12}=5.999$ 的样本（12）（1969—1970 年）为中水年典型。由表 5.1 可见，该年的 4 个时段径流模比系数分别为 0.941、0.935、0.994、1.034，都与 1.0 很接近，这是典型中水年应具有的特点。可选最近于 $p=90\%$（$h=8$）的级别变量特征值 $H_7=7.946$ 的样本（7）（1964—1965 年）为枯水年典型。该年的 4 个时段模比系数分别为 0.716、0.573、0.503、0.415，与频率为 90%的相应时段径流模比系数比较接近（表 5.2），在 18 个样本中相对的与 90%相应时段径流的模比系数最为贴近。类似地，可选级别变量特征值 $H_{15}=4.194$ 的样本（15）（1972—1973 年）作为频率 10%的丰水年典型。

$\boldsymbol{U}_{11\times18}=$

样本序号	(1)	(2)	(3)	(4)	(5)	(6)	(7)	(8)	(9)
	0	0	0	0	0	0	0	0.200	0
	0	0	0	0	0	0	0	0.265	0
	0	0	0	0	0	0	0	0.228	0
	0	0	0	0	0.054	0	0	0.138	0
	0.080	0	0	0	0.145	0	0	0.081	0
	0.506	0.303	0.361	0.667	0.398	0	0	0.054	0.109
	0.414	0.574	0.551	0.333	0.403	0.229	0.200	0.034	0.800
	0	0.123	0.088	0	0	0.287	0.654	0	0.091
	0	0	0	0	0	0.190	0.146	0	0
	0	0	0	0	0	0.151	0	0	0
	0	0	0	0	0	0.105	0	0	0

(10)	(11)	(12)	(13)	(14)	(15)	(16)	(17)	(18)	h	p%
0	0	0	0	0	0	0	0	0	(1)	1
0	0	0	0	0	0	0.044	0	0	(2)	3
0	0	0	0	0	0.156	0.060	0	0.427	(3)	5
0	0	0	0.343	0	0.569	0.085	0.206	0.573	(4)	10
0.026	0.140	0.030	0.657	0	0.200	0.157	0.462	0	(5)	25
0.090	0.680	0.941	0	0.045	0.075	0.342	0.172	0	(6)	50
0.216	0.180	0.029	0	0.760	0	0.312	0.103	0	(7)	75
0.429	0	0	0	0.195	0	0	0.057	0	(8)	90
0.239	0	0	0	0	0	0	0	0	(9)	95
0	0	0	0	0	0	0	0	0	(10)	97
0	0	0	0	0	0	0	0	0	(11)	99

$=(u_{hj})$

其中，$h=1,2,\cdots,11$；$j=1,2,\cdots,18$。

矩阵 $\boldsymbol{U}_{11\times18}$ 给出了样本集对于 11 种径流设计频率的相对隶属度，对选择中水年典型，以及不同频率的丰、枯水年典型提供了比较全面的定量依据与信息。

典型是模糊概念。选择径流典型年是一个模糊模式识别问题。本节介绍的选择设计径流典型年的定量方法是将模糊模式识别理论模型与径流频率分析法相结合。该方法丰富了现行水文系统关于典型年选择的方法。该方法原则上同样适用于典型洪水、典型暴雨等水文系统中的选择典型问题，但需将其中径流频率分析标准的选定代之以洪水频率标准、暴雨频率标准的选定。

5.3 基于模糊识别模型的汛期规律分析

5.3.1 概述

汛期运用管理的合理与否直接关系到大坝、堤防等水利工程的安全，涉及国家资产和人民生命财产的安全，关系到各个兴利部门的用水要求。因此，人们总是极其重视水利工程汛期的运用管理工作。中共中央在制订我国国民经济和社会发展规划时，多次提到关于水资源紧缺的问题。当前，水资源紧缺已成为制约我国经济发展的重要因素，尤其是西部地区。缓解或解决水资源紧缺的矛盾，可以有多种途径，其中之一便是改变“要么汛期，要么不是”的普通集合论传统概念，建立识别与描述汛期的模糊集合理论。因为硬性规定汛期的起止时间的传统描述方式，是造成我国众多水库汛期不敢蓄水，汛期过后又蓄不上水，防洪与兴利之间矛盾尖锐，有限、紧缺的水资源未能有效利用的一个重要原因。陈守煜教授创立的模糊水文水资源学关于汛期的描述与表达，突破了硬性划分汛期起止时间的传统水文学观点，从而为提高水资源的可利用量、缓解水库兴利与防洪之间的矛盾提供理论依据与新的途径。在国内外水资源紧缺的问题异常突出的情况下，具有重要的理论与现实意义。

对汛期的描述与表达，由于过去忽视了汛期现象的模糊性，使得一些与汛期有关问题的处理与研究难以取得突破性的进展。从模糊水文水资源学的观点来看，传统汛期观念的改变是理所当然的。

5.3.2 汛期模糊集分析

经典水文学硬性规定汛期的起止时间，难以有效利用洪水资源，加大了水库防洪与兴利之间矛盾。项目最早提出汛期是模糊概念，以汛期相对隶属度函数描述汛期动态变化规律，突破了国内外对汛期的传统描述方式。根据水库所在流域的水文气象条件，历年暴雨、洪水资料分析，确定水库汛期隶属函数，可在确保水库及其下游防护地区防洪标准与安全的条件下，有效地利用洪水资源，提高水资源利用率。

非汛期与汛期之间，或汛前期与主汛期之间存在差异，从差异的一方向另一方变化，中间经历一个渐变的连续过渡过程（过渡时期）——中介过渡期；在这个过渡时期内的某一时刻，具有“亦此亦彼”性。通俗地讲，非汛期与汛期或汛前期与主汛期之间边界不清晰，很难用哪一个具体日期来分界，但客观上存在一个连续变化的过渡时期。这个过渡时期内的某一刻，既具有非汛期（或汛前期）特性，又具有汛期（或主汛期）的特性。

汛期是模糊现象，因此可将汛期作为论域 T 中一个模糊子集 $\widetilde{A}$，可用隶属函数加以描述，即对于任意元素 $t(t\in T)$，可以确定一个映射如下：

$$\mu_{\widetilde{A}}: A\rightarrow[0,1]$$

$$\mu \mapsto \mu_{\widetilde{A}}(\mu)\in[0,1]$$

式中：$\mu_{\widetilde{A}}(t)$ 为元素 t（时间）隶属于模糊子集 $\widetilde{A}$（汛期）的相对隶属度。

该映射的物理意义是：一年 365 天组成论域 T 中的全体元素，每个元素均对应着闭区间［0，1］中的一个数。此数表示时间或元素 t 对于汛期 $\widetilde{A}$ 的隶属程度或资格，记为 $\mu_{\widetilde{A}}(t)$，称为汛期隶属函数。

5.3.3　汛期多指标模糊集分析

经过对天气系统的成因分析，统计对汛期划分起关键作用的指标——降雨和径流等因素的分布规律，说明我国北方流域水库汛期的划分是一种模糊现象，采用模糊集理论对汛期进行描述，以确定相对隶属函数。但是一个指标往往不能完全反映汛期的确切涵义，因此根据具体情况，可选用多个指标分别进行模糊统计试验，求出隶属函数。只要指标选取合理，各个隶属函数的变化趋势是一致的，综合分析各指标的隶属函数，可以得出汛期多指标相对隶属函数。

采用汛期多指标模糊集分析将更加科学、全面地描述西北地区水库汛期规律，可以使我们更加客观地认识汛期的模糊性。这对解决我国水资源供需矛盾，尤其是我国北方水资源短缺，提高水资源利用效率具有重要的意义。

多指标模糊统计试验确定汛期隶属函数的具体步骤如下：

（1）选取两个或两个以上能描述本水库进入及退出汛期的指标，如日降雨量、日入库流量、三日或五日洪量等。指标的选取要能够反映汛期的确切涵义，并保证有足够长的资料可供计算。

（2）通过对资料的分析，对各个指标分别选定合适的指标区间 $a_1 \sim a_2$，作为汛期与非汛期的过渡阶段。

（3）根据指标的统计资料，当指标值大于或等于 a_2 时，定义该指标出现的时间为 1，当指标值小于或等于 a_1 时，定义该指标出现的时间为 0，在 $a_1 \sim a_2$ 之间出现的隶属度为（0，1）之间的线性插值。

（4）对各个指标分别进行 m 次直接模糊统计试验，计算：$M(\mu_j)=\sum_{i=1}^{m}\frac{\mu_{ij}}{m}$。

（5）得出各个指标的汛期相对隶属度图，求各个指标相对隶属度的外包线，作为汛期综合指标相对隶属度曲线。

5.3.4　汛期理论隶属函数的确定

水文学中很多现象，首先经过经验确定，然后从理论上运用一定的数学模型来加以模拟，以增强理论依据。例如设计洪水频率曲线的计算，先经过经验频率计算，然后采用 P -Ⅲ型理论曲线进行模拟。

主汛期向非汛期过渡段的理论隶属函数选用式（5.26）中的模糊分布模拟[3]：

$$\mu_{\underset{\sim}{A}}(t)=\begin{cases}1, & a_1\leqslant t\leqslant a_2\\ e^{-\left(\frac{t-a_2}{b_2}\right)^2}, & t>a_2, b_2>0\end{cases}\tag{5.26}$$

式中：a_1 为主汛期开始时间；a_2 为主汛期结束时间；参数 b_2 应根据水库校核与设计洪水标准确定。

确定参数 b_2 的具体方法如下：

（1）统计主汛期到非汛期过渡期的洪水样本，用概率统计法（频率分析法）确定校核与设计洪水洪峰及洪量。

（2）由洪水样本资料进行设计洪水典型年的模糊识别，选择不同设计标准的典型洪水。由典型洪水进行洪水缩放得到设计洪水过程线。

（3）假定不同的起调水位，根据规定的水库泄洪方式，由校核与设计洪水进行水库调洪计算，求出过渡期水库校核防洪库容 V_{c2} 与设计防洪库容 V_{d2}。

（4）统计整个汛期的洪水样本，用频率分析法确定校核与设计洪水过程线，根据规定的水库泄洪方式，进行水库调洪计算，求出水库校核防洪库容 V_c 与设计防洪库容 V_d，以及相应的水库校核洪水位与设计洪水位、水库的汛限水位。

（5）取 $\dfrac{V_{c2}}{V_c}$ 为过渡时期较大洪水样本发生最晚时间 t_2 的隶属度 $\mu_{\underset{\sim}{A}}(t_2)_c$，即

$$\mu_{\underset{\sim}{A}}(t_2)_c=\frac{V_{c2}}{V_c}\tag{5.27}$$

由式（5.23）、式（5.24）可得

$$b_{c2}=\frac{t_2-a_2}{\sqrt{\ln\dfrac{V_c}{V_{c2}}}}\tag{5.28}$$

式中：b_{c2} 为满足校核洪水标准条件下，过渡时期隶属函数的参数。

类似地，取

$$\mu_{\underset{\sim}{A}}(t_2)_d=\frac{V_{d2}}{V_d}\tag{5.29}$$

可得

$$b_{d2}=\frac{t_2-a_2}{\sqrt{\ln\dfrac{V_d}{V_{d2}}}}\tag{5.30}$$

式中：b_{d2} 为满足设计洪水标准条件下，过渡时期隶属函数的参数。

将由式（5.28）、式（5.30）求得的参数，分别代入式（5.26），则有

$$\mu_{\underset{\sim}{A}}(t_2)_c=\begin{cases}1, & a_1\leqslant t\leqslant a_2\\ e^{-\left(\frac{t-a_2}{b_{c2}}\right)^2}, & t>a_2, b_{c2}>0\end{cases}\tag{5.31}$$

$$\mu_{\underset{\sim}{A}}(t_2)_d=\begin{cases}1, & a_1\leqslant t\leqslant a_2\\ e^{-\left(\frac{t-a_2}{b_{d2}}\right)^2}, & t>a_2, b_{d2}>0\end{cases}\tag{5.32}$$

通过调整参数（a_2、b_{c2}和b_{d2}），采用最小二乘法优化准则，使

$$E=\sum_{t=1}^{n}(\hat{\mu}_t-\mu_t)^2 \tag{5.33}$$

达到最小值，优选出汛期隶属函数。式（5.33）中，$\hat{\mu}_t$、μ_t 分别为某一时刻的试验和理论隶属度值。则 t 时刻所需要的防洪库容为

$$V_t=V_f\max(\hat{\mu}_t,\mu_t) \tag{5.34}$$

式中：V_f 为设计防洪库容 V_d 或校核防洪库容 V_c。

5.3.5 实例

龙凤山水库位于拉林河的支流牤牛河上游，在黑龙江省五常县东南约 50km 蔡家街附近，是一座以防洪、灌溉为主，兼顾发电、养鱼等综合利用的大型水利枢纽工程，水库控制流域面积为 1740km^2，总库容为 2.77 亿 m^3。

从天气系统来分析，龙凤山水库流域 6—7 月产生暴雨的天气系统主要有台风、南来气旋、河套低压、高空槽和低伸槽等，不同天气系统所产生的降雨强度、分布和走向各不相同。不同时期各种天气系统出现的频率和组合情况也不一样。龙凤山水库流域 6 月份形成暴雨的天气系统主要是高空槽；7 月份主要是纬向型河套低压、冷涡低压和对流天气；8 月份主要是经向河套气旋和台风。致使该流域的暴雨多发生在 7 月中下旬—8 月上旬，8 月下旬以后形成暴雨的天气系统又逐渐减少。

台风和南来气旋是造成本流域大范围暴雨的主要天气系统之一。据统计，台风影响出现的最早时间是 7 月 16 日，最迟时间是 9 月 17 日，出现最多的月份是 8 月，占台风总次数的 50%左右。台风中的消失类对本流域暴雨影响较大。

由表 5.3 可知，6—9 月是本流域的汛期。

表 5.3　　龙凤山水库以上流域多年平均降水量统计表　　单位：mm

1—2 月	3—5 月	6—9 月	11—12 月	全年
23.0	131.7	526.7	93.9	775.3

由表 5.4 可见，龙凤山水库日雨量大于等于 45mm 集中在 7 月下旬与 8 月上旬（占总天数的 58.3%），日雨量大于等于 60mm 分布在 7 月中旬—8 月下旬，其中 7 月下旬—8 月上旬占总天数的 66.7%。

表 5.4　　龙凤山水库 1960—1987 年平均暴雨日数及分配率表

项目		6月			7月			8月			9月			合计
		上	中	下	上	中	下	上	中	下	上	中	下	
日雨量	平均天数		0.04	0.07	0.04	0.07	0.32	0.18	0.04	0.11				0.857
≥45mm	分配率/%		4.17	8.33	4.17	8.33	37.50	20.84	4.17	12.50				100.0
日雨量	平均天数					0.04	0.07	0.07	0.00	0.04				0.214
≥60mm	分配率/%					16.67	33.33	33.33	0.00	16.67				100.0

由此可见，龙凤山水库流域的汛期发生在 6—9 月，主汛期大致出现在 7 月下旬—8 月上旬。

由于汛期直接由降雨形成，故以龙凤山水库以上流域平均日降雨量作为确定汛期相对隶属函数的物理成因参数。首先选择整个流域内的 8 个雨量站 1960—1987 年的资料，采用加权平均法计算流域平均日降雨量，各雨量站权重见表 5.5。

表 5.5　　　　龙凤山水库流域各雨量站权重表

站名	冲河	四平山	香磨	郭学村	三道冲河	东升	七林场	小东山
权重	0.06	0.13	0.10	0.09	0.11	0.22	0.77	0.22

然后对龙凤山水库流域的日平均雨量资料进行直接模糊统计实验。根据降雨资料分析并确定非汛期向主汛期、主汛期向非汛期的过渡区间。考虑 6 个流域平均日降雨量的区间（$a_1 \sim a_2$mm）：10～20mm，10～18mm，9～16mm，12～18mm，8～12mm，10～14mm。分别由此区间值确定：非汛期过渡到主汛期区间 $x_1 \sim x_2$；主汛期过渡到非汛期的区间 $x_3 \sim x_4$。

经过选择比较分析，确定采用区间 10～14mm 的统计试验成果，现将区间 10～14mm 的直接模糊统计试验的有效数据列于表 5.6，其他略。

表 5.6　　　　指标区间 10～14mm 的直接模糊统计试验基础数据表

（黑龙江省龙凤山水库 1960—1987 年的统计数据）

序号	年份	x_1	x_2	x_3	x_4
1	1960 年	5.04	6.21	9.24	9.24
2	1961 年	5.17	6.19	9.23	9.28
3	1962 年	7.09	7.09	9.02	9.02
4	1963 年	5.18	6.19	9.30	9.30
5	1964 年	5.21	5.31	9.11	9.12
6	1965 年	6.25	6.25	9.04	9.06
7	1966 年	5.06	7.14	8.30	9.20
8	1967 年	5.31	7.10	8.14	9.20
9	1968 年	5.19	6.22	9.20	9.20
10	1969 年	5.21	5.21	10.01	10.01
11	1970 年	5.09	5.26	9.07	9.07
12	1971 年	5.28	5.28	10.10	10.10
13	1972 年	5.14	5.28	10.04	10.09
14	1973 年	5.07	5.07	9.03	9.03
15	1974 年	5.31	6.11	9.14	9.29
16	1975 年	5.13	5.13	9.20	9.20
17	1976 年	5.03	5.11	9.05	9.05

续表

序号	年份	x_1	x_2	x_3	x_4
18	1977 年	5.05	5.13	8.07	10.05
19	1978 年	5.23	5.25	8.27	8.27
20	1979 年	6.09	6.09	8.16	8.27
21	1980 年	5.03	5.03	10.06	10.06
22	1981 年	5.02	5.10	8.02	9.11
23	1982 年	5.04	7.10	8.28	8.29
24	1983 年	5.10	5.12	9.24	9.24
25	1984 年	5.31	6.05	9.10	10.02
26	1985 年	5.04	5.04	9.11	9.28
27	1986 年	5.12	5.12	9.05	9.26
28	1987 年	5.24	6.29	10.01	10.01

将试验数据中，每年大于等于 14mm 出现时间的隶属度记为 1，小于 10mm 出现的隶属度记为 0，在 10～14mm 之间出现的隶属度为（0，1）之间的线性插值。

下面应用直接模糊统计试验确定相对隶属度。

将龙凤山水库指标区间 10～14mm 的模糊试验进行区间统计计算：

$$M(\mu_j)=\sum_{i=1}^{m}\frac{\mu_{ji}}{m},\quad i=1,2,\cdots$$

即技术 m 次试验 μ_j 对 $\underset{\sim}{A}$ 的隶属的平均值。从 1960 年开始至 1987 年分 9 个区段计算平均隶属度 $M(\mu_j)$，列于表 5.7，对直接模糊统计试验成果——隶属度的期望值 $M(\mu_j)$ 进行稳定性分析，根据表 5.7 的数据，绘制 $M(\mu_j)-j$ 的过程图（图 5.1）。从图 5.1 可以明显地看到随着样本数量的增大，$M(\mu_j)-j$ 关系图的差异变得越来越小，并逐渐地呈现出稳定趋势。图 5.1 中 1960—1987 年平均相对隶属函数图给出龙凤山水库流域汛期相对隶属函数近似图形。

表 5.7　　龙凤山水库相对隶属函数试验表

（指标区间：10～14mm）

序号 j	年份日期 t	1960—1962 年 $M(\mu_j)$	1960—1965 年 $M(\mu_j)$	1960—1968 年 $M(\mu_j)$	1960—1971 年 $M(\mu_j)$	1960—1974 年 $M(\mu_j)$	1960—1977 年 $M(\mu_j)$	1960—1980 年 $M(\mu_j)$	1960—1983 年 $M(\mu_j)$	1960—1987 年 $M(\mu_j)$
1	5.1	0.0000	0.0000	0.0000	0.0000	0.0000	0.0000	0.0000	0.0000	0.0000
2	2	0.0000	0.0000	0.0000	0.0000	0.0000	0.0000	0.0000	0.0000	0.0000
3	3	0.0000	0.0000	0.0000	0.0000	0.0000	0.0000	0.0476	0.0469	0.0402
4	4	0.0000	0.0000	0.0000	0.0000	0.0000	0.0069	0.0536	0.0573	0.0848
5	5	0.0069	1.0035	0.0023	0.0017	0.0014	0.0150	0.0605	0.0692	0.0950
6	6	0.0139	0.0069	0.0046	0.0035	0.0028	0.0301	0.0734	0.0863	0.1097
7	7	0.0208	0.0104	0.0086	0.0064	0.0718	0.1015	0.1346	0.1457	0.1606
8	8	0.0208	0.0139	0.0125	0.0094	0.0742	0.1174	0.1482	0.1634	0.1758

续表

序号 j	年份日期 t	1960—1962 年 $M(\mu_j)$	1960—1965 年 $M(\mu_j)$	1960—1968 年 $M(\mu_j)$	1960—1971 年 $M(\mu_j)$	1960—1974 年 $M(\mu_j)$	1960—1977 年 $M(\mu_j)$	1960—1980 年 $M(\mu_j)$	1960—1983 年 $M(\mu_j)$	1960—1987 年 $M(\mu_j)$
9	9	0.0347	0.0174	0.0164	0.0123	0.0765	0.1332	0.1618	0.1811	0.1910
10	10	0.0417	0.0208	0.0203	0.0201	0.0828	0.1523	0.1782	0.2013	0.2083
11	11	0.0486	0.0243	0.0243	0.0280	0.0891	0.1714	0.1946	0.2371	0.2389
12	12	0.0556	0.0278	0.0282	0.0358	0.0953	0.1836	0.2050	0.2677	0.3009
13	13	0.0625	0.0313	0.0321	0.0437	0.1016	0.2513	0.2631	0.3191	0.3449
14	14	0.0694	0.0347	0.0360	0.0515	0.1079	0.2566	0.2675	0.3237	0.3488
15	15	0.0764	0.0382	0.0400	0.0594	0.1189	0.2658	0.2754	0.3312	0.3553
16	16	0.0833	0.0417	0.0439	0.0672	0.1300	0.2750	0.2833	0.3387	0.3617
17	17	0.0903	0.0451	0.0478	0.0751	0.1410	0.2842	0.2912	0.3462	0.3682
18	18	0.1073	0.0486	0.0551	0.0854	0.1541	0.2951	0.3005	0.3550	0.3757
19	19	0.1244	0.0573	0.0659	0.0984	0.1692	0.3077	0.3113	0.3651	0.3844
20	20	0.1414	0.0660	0.0799	0.1138	0.1863	0.3219	0.3236	0.3764	0.3941
21	21	0.1595	0.0747	0.0939	0.2126	0.2701	0.3917	0.3834	0.4294	0.4395
22	22	0.1755	0.1000	0.1191	0.2364	0.2939	0.4115	0.4004	0.4449	0.4527
23	23	0.1926	0.1253	0.1442	0.2601	0.3176	0.4314	0.4173	0.4603	0.4660
24	24	0.2096	0.1507	0.1694	0.2839	0.3414	0.4512	0.4581	0.4966	0.4971
25	25	0.2266	0.1760	0.1945	0.3076	0.3652	0.4710	0.4989	0.5330	0.5292
26	26	0.2437	0.2014	0.2196	0.3314	0.3889	0.4908	0.5159	0.5484	0.5435
27	27	0.2607	0.2267	0.2448	0.3503	0.4088	0.5073	0.5031	0.5615	0.5557
28	28	0.2778	0.2521	0.2699	0.4524	0.4953	0.5794	0.5919	0.6161	0.6035
29	29	0.2948	0.2774	0.2951	0.4713	0.5104	0.5920	0.6027	0.6262	0.6131
30	30	0.3119	0.3028	0.3454	0.5090	0.5406	0.6171	0.6242	0.6463	0.6323
31	31	0.3289	0.3281	0.3454	0.5090	0.5406	0.6171	0.6242	0.6463	0.6323
32	6.1	0.3460	0.3368	0.3622	0.5216	0.5567	0.6306	0.6357	0.6570	0.6497
33	2	0.3630	0.3455	0.3790	0.5342	0.5728	0.6440	0.6473	0.6677	0.6670
34	3	0.3801	0.3542	0.3958	0.5468	0.5890	0.6575	0.6588	0.6784	0.6843
35	4	0.3971	0.3628	0.4126	0.5595	0.6051	0.6709	0.6703	0.6892	0.7016
36	5	0.4141	0.3715	0.4294	0.5721	0.6213	0.6844	0.6819	0.6999	0.7189
37	6	0.4312	0.3802	0.4462	0.5847	0.6374	0.6979	0.6934	0.7106	0.7291
38	7	0.4482	0.3889	0.4630	0.5973	0.6536	0.7113	0.7049	0.7213	0.7393
39	8	0.4653	0.3976	0.4798	0.6099	0.6697	0.7248	0.7165	0.7320	0.7495
40	9	0.4823	0.4063	0.4967	0.6225	0.6859	0.7382	0.7756	0.7844	0.7954
41	10	0.4994	0.4149	0.5135	0.6351	0.7020	0.7517	0.7872	0.7951	0.8055

续表

序号 j	年份日期 t	1960—1962年 $M(\mu_j)$	1960—1965年 $M(\mu_j)$	1960—1968年 $M(\mu_j)$	1960—1971年 $M(\mu_j)$	1960—1974年 $M(\mu_j)$	1960—1977年 $M(\mu_j)$	1960—1980年 $M(\mu_j)$	1960—1983年 $M(\mu_j)$	1960—1987年 $M(\mu_j)$
42	11	0.5164	0.4236	0.5303	0.6477	0.7182	0.7651	0.7987	0.8058	0.8157
43	12	0.5335	0.4323	0.5471	0.6603	0.7282	0.7735	0.8059	0.8127	0.8226
44	13	0.5505	0.4410	0.5639	0.6729	0.7383	0.7819	0.8131	0.8197	0.8296
45	14	0.5676	0.4497	0.5807	0.6855	0.7484	0.7904	0.8203	0.8266	0.8365
46	15	0.5846	0.4583	0.4975	0.6981	0.7585	0.7988	0.8275	0.8335	0.8434
47	16	0.6016	0.4670	0.6143	0.7107	0.7686	0.8072	0.8347	0.8404	0.8503
48	17	0.6187	0.4757	0.6311	0.7233	0.7787	0.8156	0.8419	0.8474	0.8573
49	18	0.6357	0.4844	0.6479	0.7360	0.7888	0.8240	0.8491	0.8543	0.8642
50	19	0.6528	0.4931	0.6648	0.7486	0.7989	0.8324	0.8563	0.8612	0.8711
51	20	0.6597	0.4965	0.6747	0.7560	0.8048	0.8347	0.8606	0.8656	0.8759
52	21	0.6667	0.5000	0.6847	0.7635	0.8108	0.8423	0.8469	0.8699	0.8800
53	22	0.6667	0.5000	0.6924	0.7693	0.8154	0.8462	0.8682	0.8734	0.8846
54	23	0.6667	0.5000	0.6967	0.7726	0.8180	0.8484	0.8700	0.8757	0.8875
55	24	0.6667	0.5000	0.7011	0.7758	0.8207	0.8506	0.8719	0.8780	0.8904
56	25	0.6667	0.6667	0.8166	0.8625	0.8900	0.9083	0.9214	0.9219	0.9291
57	26	0.6667	0.6667	0.8210	0.8658	0.8926	0.9105	0.9233	0.9242	0.9320
58	27	0.6667	0.6667	0.8254	0.8691	0.8952	0.9127	0.9252	0.9264	0.9350
59	28	0.6667	0.6667	0.8298	0.8723	0.8979	0.9149	0.9271	0.9287	0.9379
60	29	0.6667	0.6667	0.8342	0.8756	0.9005	0.9171	0.9289	0.9310	0.9408
61	30	0.6667	0.6667	0.8386	0.8789	0.9031	0.9793	0.9308	0.9332	0.9428
62	7.1	0.6667	0.6667	0.8430	0.8822	0.9058	0.9215	0.9327	0.9355	0.9447
63	2	0.6667	0.6667	0.8473	0.8855	0.9084	0.9237	0.9346	0.9378	0.9467
64	3	0.6667	0.6667	0.8517	0.8888	0.9110	0.9259	0.9365	0.9400	0.9486
65	4	0.6667	0.6667	0.8561	0.8921	0.9137	0.9281	0.9383	0.9423	0.9506
66	5	0.6667	0.6667	0.8605	0.8954	0.9163	0.9303	0.9402	0.9446	0.9525
67	6	0.6667	0.6667	0.8649	0.8987	0.9189	0.9324	0.9421	0.9468	0.9544
68	7	0.6667	0.6667	0.8693	0.9020	0.9216	0.9346	0.9440	0.9491	0.9564
69	8	0.6667	0.6667	0.8737	0.9053	0.9242	0.9242	0.9459	0.9514	0.9583
70	9	1.0000	1.0000	0.9892	0.9919	0.9935	0.9946	0.9954	0.9953	0.9960
71	10	1.0000	1.0000	0.9936	0.9952	0.9961	0.9968	0.9972	0.9976	0.9979
72	11	1.0000	1.0000	0.9952	0.9964	0.9971	0.9976	0.9979	0.9982	0.9984
73	12	1.0000	1.0000	0.9968	0.9976	0.9981	0.9984	0.9986	0.9988	0.9990
74	13	1.0000	1.0000	0.9984	0.9988	0.9990	0.9992	0.9993	0.9994	0.9995

续表

序号 j	年份日期 t	1960—1962 年 $M(\mu_j)$	1960—1965 年 $M(\mu_j)$	1960—1968 年 $M(\mu_j)$	1960—1971 年 $M(\mu_j)$	1960—1974 年 $M(\mu_j)$	1960—1977 年 $M(\mu_j)$	1960—1980 年 $M(\mu_j)$	1960—1983 年 $M(\mu_j)$	1960—1987 年 $M(\mu_j)$
75	14	1.0000	1.0000	1.0000	1.0000	1.0000	1.0000	1.0000	1.0000	1.0000
76	15	1.0000	1.0000	1.0000	1.0000	1.0000	1.0000	1.0000	1.0000	1.0000
77	16	1.0000	1.0000	1.0000	1.0000	1.0000	1.0000	1.0000	1.0000	1.0000
78	17	1.0000	1.0000	1.0000	1.0000	1.0000	1.0000	1.0000	1.0000	1.0000
79	18	1.0000	1.0000	1.0000	1.0000	1.0000	1.0000	1.0000	1.0000	1.0000
80	19	1.0000	1.0000	1.0000	1.0000	1.0000	1.0000	1.0000	1.0000	1.0000
81	20	1.0000	1.0000	1.0000	1.0000	1.0000	1.0000	1.0000	1.0000	1.0000
82	21	1.0000	1.0000	1.0000	1.0000	1.0000	1.0000	1.0000	1.0000	1.0000
83	22	1.0000	1.0000	1.0000	1.0000	1.0000	1.0000	1.0000	1.0000	1.0000
84	23	1.0000	1.0000	1.0000	1.0000	1.0000	1.0000	1.0000	1.0000	1.0000
85	24	1.0000	1.0000	1.0000	1.0000	1.0000	1.0000	1.0000	1.0000	1.0000
86	25	1.0000	1.0000	1.0000	1.0000	1.0000	1.0000	1.0000	1.0000	1.0000
87	26	1.0000	1.0000	1.0000	1.0000	1.0000	1.0000	1.0000	1.0000	1.0000
88	27	1.0000	1.0000	1.0000	1.0000	1.0000	1.0000	1.0000	1.0000	1.0000
89	28	1.0000	1.0000	1.0000	1.0000	1.0000	1.0000	1.0000	1.0000	1.0000
90	29	1.0000	1.0000	1.0000	1.0000	1.0000	1.0000	1.0000	1.0000	1.0000
91	30	1.0000	1.0000	1.0000	1.0000	1.0000	1.0000	1.0000	1.0000	1.0000
92	31	1.0000	1.0000	1.0000	1.0000	1.0000	1.0000	1.0000	1.0000	1.0000
93	8.1	1.0000	1.0000	1.0000	1.0000	1.0000	1.0000	1.0000	1.0000	1.0000
94	2	1.0000	1.0000	1.0000	1.0000	1.0000	1.0000	1.0000	1.0000	1.0000
95	3	1.0000	1.0000	1.0000	1.0000	1.0000	1.0000	1.0000	0.9990	0.9991
96	4	1.0000	1.0000	1.0000	1.0000	1.0000	1.0000	1.0000	0.9979	0.9982
97	5	1.0000	1.0000	1.0000	1.0000	1.0000	1.0000	1.0000	0.9969	0.9973
98	6	1.0000	1.0000	1.0000	1.0000	1.0000	1.0000	1.0000	0.9958	0.9964
99	7	1.0000	1.0000	1.0000	1.0000	1.0000	1.0000	1.0000	0.9948	0.9955
100	8	1.0000	1.0000	1.0000	1.0000	1.0000	0.9991	0.9992	0.9930	0.9940
101	9	1.0000	1.0000	1.0000	1.0000	1.0000	0.9981	0.9984	0.9913	0.9925
102	10	1.0000	1.0000	1.0000	1.0000	1.0000	0.9972	0.9976	0.9895	0.9910
103	11	1.0000	1.0000	1.0000	1.0000	1.0000	0.9962	0.9968	0.9878	0.9895
104	12	1.0000	1.0000	1.0000	1.0000	1.0000	0.9953	0.9960	0.9861	0.9880
105	13	1.0000	1.0000	1.0000	1.0000	1.0000	0.9944	0.9952	0.9843	0.9865
106	14	1.0000	1.0000	1.0000	1.0000	1.0000	0.9934	0.9944	0.9826	0.9850
107	15	1.0000	1.0000	0.9970	0.9977	0.9982	0.9910	0.9923	0.9797	0.9826

续表

序号 j	年份日期 t	1960—1962 年 $M(\mu_j)$	1960—1965 年 $M(\mu_j)$	1960—1968 年 $M(\mu_j)$	1960—1971 年 $M(\mu_j)$	1960—1974 年 $M(\mu_j)$	1960—1977 年 $M(\mu_j)$	1960—1980 年 $M(\mu_j)$	1960—1983 年 $M(\mu_j)$	1960—1987 年 $M(\mu_j)$
108	16	1.0000	1.0000	0.9940	0.9955	0.9964	0.9885	0.9902	0.9768	0.9801
109	17	1.0000	1.0000	0.9910	0.9932	0.9946	0.9861	0.9837	0.9701	0.9744
110	18	1.0000	1.0000	0.9880	0.9910	0.9928	0.9836	0.9773	0.9635	0.9687
111	19	1.0000	1.0000	0.9850	0.9887	0.9910	0.9812	0.9709	0.9568	0.9630
112	20	1.0000	1.0000	0.9820	0.9865	0.9892	0.9787	0.9645	0.9502	0.9573
113	21	1.0000	1.0000	0.9790	0.9842	0.9874	0.9763	0.9580	0.9435	0.9516
114	22	1.0000	1.0000	0.9760	0.9820	0.9856	0.9739	0.9516	0.9368	0.9459
115	23	1.0000	1.0000	0.9730	0.9797	0.9838	0.9714	0.9452	0.9302	0.9402
116	24	1.0000	1.0000	0.9700	0.9775	0.9820	0.9690	0.9388	0.9235	0.9344
117	25	1.0000	1.0000	0.9670	0.9752	0.9802	0.9665	0.9324	0.9169	0.9287
118	26	1.0000	1.0000	0.9640	0.9730	0.9784	0.9641	0.9259	0.9102	0.9230
119	27	1.0000	1.0000	0.9610	0.9707	0.9766	0.9616	0.9195	0.9035	0.9173
120	28	1.0000	1.0000	0.9580	0.9685	0.9748	0.9592	0.8698	0.8590	0.8790
121	29	1.0000	1.0000	0.9550	0.9662	0.9730	0.9568	0.8677	0.8144	0.8410
122	30	1.0000	1.0000	0.9520	0.9640	0.9712	0.9543	0.8656	0.8116	0.8385
123	31	1.0000	1.0000	0.9437	0.9577	0.9662	0.9492	0.8612	0.8607	0.8343
124	9.1	1.0000	1.0000	0.9354	0.9515	0.9612	0.9441	0.8569	0.8019	0.8302
125	2	1.0000	1.0000	0.9271	0.9453	0.9562	0.9391	0.8525	0.7970	0.8260
126	3	0.6667	0.6667	0.8077	0.8557	0.8846	0.8784	0.8005	0.7505	0.7861
127	4	0.6667	0.6667	0.7994	0.8495	0.8796	0.8733	0.7962	0.7456	0.7820
128	5	0.6667	0.5833	0.7355	0.8016	0.8413	0.8405	0.7680	0.7199	0.7599
129	6	0.6667	0.5000	0.6717	0.7538	0.8030	0.7520	0.6922	0.6526	0.7005
130	7	0.6667	0.5000	0.6634	0.7475	0.7980	0.7469	0.6879	0.6477	0.6946
131	8	0.6667	0.5000	0.6551	0.6580	0.7264	0.6863	0.6359	0.6012	0.6531
132	9	0.6667	0.5000	0.6468	0.6518	0.7214	0.6812	0.6315	0.5963	0.6472
133	10	0.6667	0.5000	0.6385	0.6455	0.7164	0.6761	0.6272	0.5915	0.6413
134	11	0.6667	0.5000	0.6302	0.6393	0.7115	0.6710	0.6228	0.5866	0.6338
135	12	0.6667	0.3333	0.5108	0.5498	0.6398	0.6104	0.5708	0.5411	0.5894
136	13	0.6667	0.3333	0.5025	0.5435	0.6348	0.6053	0.5664	0.5373	0.5807
137	14	0.6667	0.3333	0.4942	0.5373	0.6299	0.6002	0.5621	0.5335	0.5720
138	15	0.6667	0.3333	0.4859	0.5311	0.6204	0.5914	0.5545	0.5269	0.5610
139	16	0.6667	0.3333	0.4776	0.5249	0.6110	0.5826	0.5470	0.5023	0.5499

续表

序号 j	年份日期 t	1960—1962年 $M(\mu_j)$	1960—1965年 $M(\mu_j)$	1960—1968年 $M(\mu_j)$	1960—1971年 $M(\mu_j)$	1960—1974年 $M(\mu_j)$	1960—1977年 $M(\mu_j)$	1960—1980年 $M(\mu_j)$	1960—1983年 $M(\mu_j)$	1960—1987年 $M(\mu_j)$
140	17	0.6667	0.3333	0.4693	0.5187	0.6016	0.5738	0.5395	0.5137	0.5388
141	18	0.6667	0.3333	0.4610	0.5124	0.5922	0.5650	0.5319	0.5071	0.5277
142	19	0.6667	0.3333	0.4527	0.5062	0.5828	0.5562	0.5244	0.5005	0.5277
143	20	0.6667	0.3333	0.4444	0.5000	0.5733	0.5475	0.5169	0.4939	0.5056
144	21	0.6667	0.3333	0.3333	0.4167	0.5022	0.4317	0.4176	0.4071	0.4257
145	22	0.6667	0.3333	0.3333	0.4167	0.4978	0.4271	0.4137	0.4036	0.4173
146	23	0.6667	0.3333	0.3333	0.4167	0.4933	0.4244	0.4097	0.4001	0.4089
147	24	0.6000	0.3333	0.3111	0.4000	0.4756	0.4067	0.3962	0.3883	0.3934
148	25	0.2000	0.1667	0.1778	0.3000	0.3911	0.3353	0.3351	0.2932	0.3064
149	26	0.1333	0.1667	0.1556	0.2833	0.3733	0.3196	0.3215	0.2814	0.2908
150	27	0.0667	0.1667	0.1333	0.2667	0.2889	0.2483	0.2604	0.2279	0.2413
151	28	0.0000	0.1667	0.1111	0.2500	0.2711	0.2325	0.2469	0.2161	0.2274
152	29	0.0000	0.1667	0.1111	0.2500	0.2667	0.2279	0.2429	0.2126	0.2228
153	30	0.0000	0.1667	0.1111	0.2500	0.2667	0.2269	0.2421	0.2119	0.2206
154	10.1	0.0000	0.0000	0.0000	0.1667	0.2000	0.1704	0.1937	0.1695	0.1826
155	2	0.0000	0.0000	0.0000	0.0833	0.1333	0.1139	0.1453	0.1271	0.1090
156	3	0.0000	0.0000	0.0000	0.0833	0.1333	0.1130	0.1445	0.1264	0.1084
157	4	0.0000	0.0000	0.0000	0.0833	0.1333	0.1121	0.1437	0.1257	0.1077
158	5	0.0000	0.0000	0.0000	0.0833	0.1200	0.1000	0.1333	0.1167	0.1000
159	6	0.0000	0.0000	0.0000	0.0833	0.1067	0.0889	0.1238	0.1083	0.0929
160	7	0.0000	0.0000	0.0000	0.0833	0.0933	0.0778	0.0667	0.0583	0.0500
161	8	0.0000	0.0000	0.0000	0.0833	0.0800	0.0667	0.0571	0.0500	0.0429
162	9	0.0000	0.0000	0.0000	0.0833	0.0667	0.0556	0.0476	0.0417	0.0357
163	10	0.0000	0.0000	0.0000	0.0833	0.0556	0.0556	0.0476	0.0417	0.0357

根据上述试验结果，可以得到如下结论：

（1）当入汛、出汛物理成因指标区间一定时，每年汛期的相对隶属函数是可变的。但当资料年限足够长时，汛期的相对隶属函数呈现稳定趋势。

（2）指标区间有相应的变化，汛期相对隶属函数也有相应的变化，但变化不大，变化后的汛期相对隶属函数，仍呈现稳定趋势。

（3）当资料年限足够长时，汛期相对隶属函数可用于水库规划设计阶段汛期限制水位的动态性研究，以缓解水库防洪与兴利的矛盾，提高水资源的利用量。

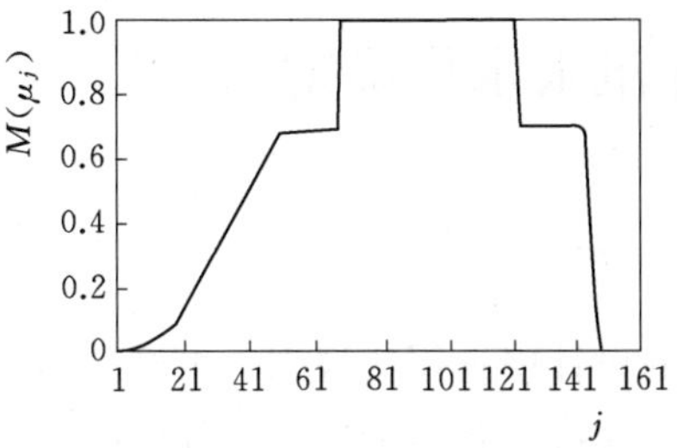

(a) 1960—1962 年平均相对隶属函数图

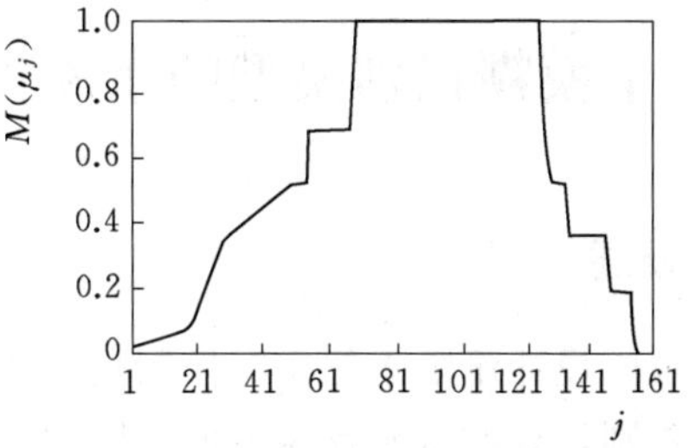

(b) 1960—1965 年平均相对隶属函数图

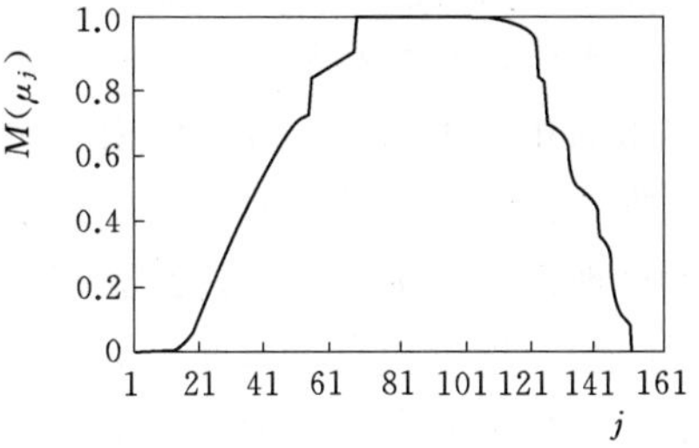

(c) 1960—1968 年平均相对隶属函数图

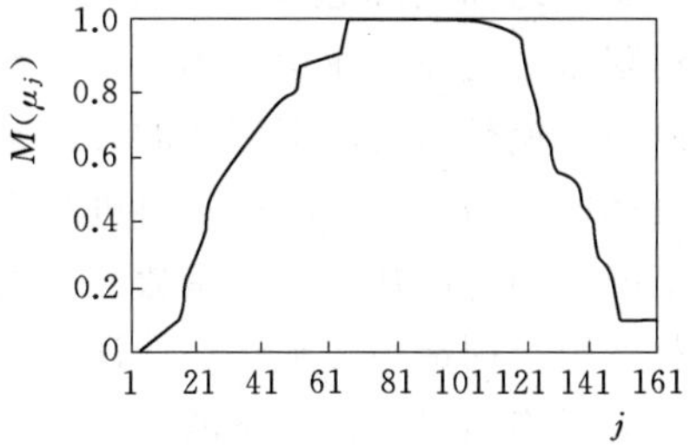

(d) 1960—1971 年平均相对隶属函数图

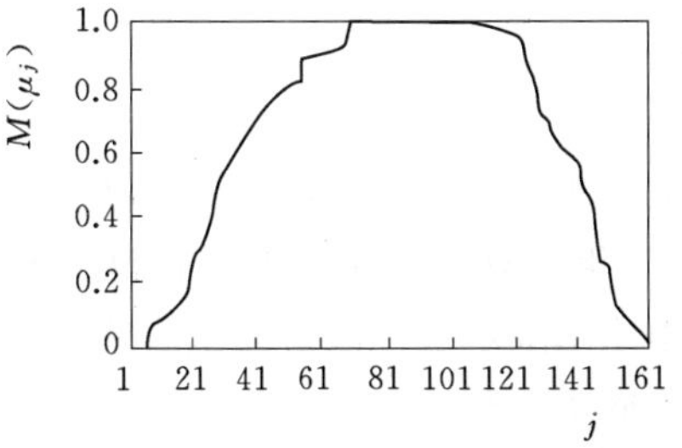

(e) 1960—1974 年平均相对隶属函数图

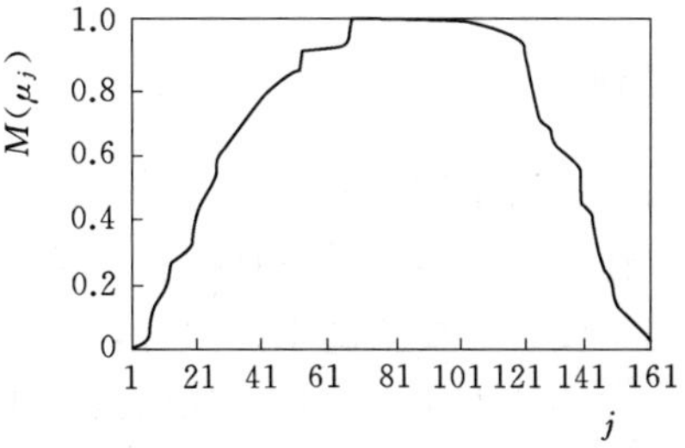

(f) 1960—1977 年平均相对隶属函数图

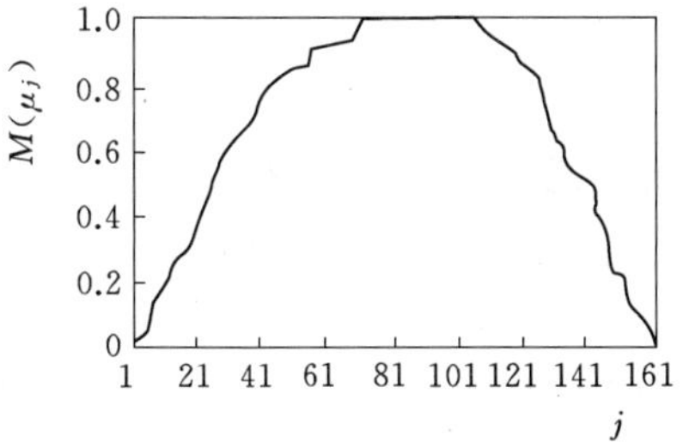

(g) 1960—1980 年平均相对隶属函数图

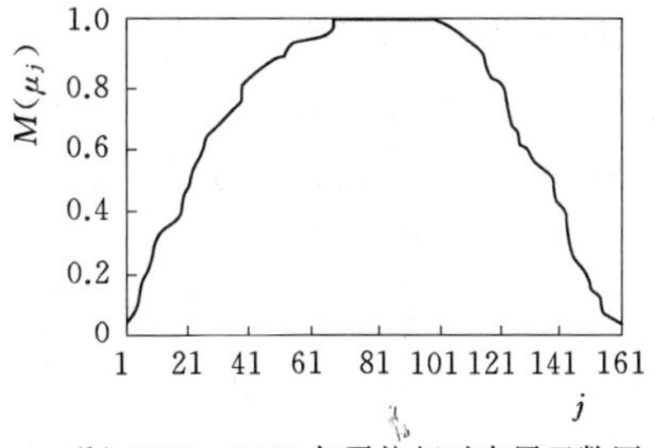

(h) 1960—1983 年平均相对隶属函数图

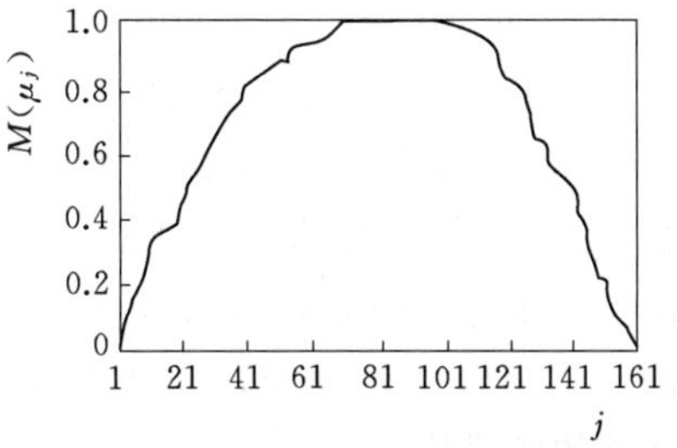

(i) 1960—1987 年平均相对隶属函数图

图 5.1 龙凤山水库流域平均降雨量指标区间 10～14mm 汛期相对隶属函数稳定过程图

5.4　基于模糊识别模型的水库设计汛限水位确定

5.4.1　概述

许多水库设计汛限水位实际控制仍采用规划设计中选用的规则。可这些与水库实际情况有较大差别，导致水库效益偏低。因此安全、经济、合理地确定设计汛限水位可变控制范围具有重要理论和实际意义。在传统的设计汛限水位确定中，没有考虑汛期模糊性规律。设计汛限水位是在水库运用中一个关键性特征水位，它的高低直接影响到水库的运用效益，可以应用模糊水文水资源学的方法来确定汛期相对隶属度，计算汛限水位，进行可变控制。具体方法为：根据降雨资料进行直接模糊统计确定经验相对隶属度；根据水库的实际运用情况，确定参数，采用指数方程模拟计算理论相对隶属度；以经验相对隶属度为依据，调整参数，用最小二乘法估计误差，选择经验与理论相对隶属度模拟最优的，并取外包线值作为最终结果；把优选的结果作为权重，计算不同设计标准的汛限水位，实现可变控制。

5.4.2　实例

黑龙江省音河水库是一座以防洪、灌溉为主，兼顾养鱼、发电等综合利用的多年调节大型水库。经过多年运行后发现，在 1958—1993 年，只有 9 年汛期后蓄满兴利库容。通常在汛前期，没有必要抬高水库水位，可仍选用原汛限水位。但研究汛后期水库汛限水位很有必要。在传统方法中，根据暴雨洪水出现的概率进行统计分析，得到汛前、中、后 3 个不同汛限水位。但由于各期汛限水位呈梯形变化，运行中很难突然抬高或降低限制水位，这给水库的调度工作带来了很大的不便。

1. 试验隶属函数的确定

根据 1964—1987 年的降雨资料，统计出水库流域的多年平均日降雨量为 9.7mm，以其作为选择指标区间的参考值，选择 3 个指标区间（$a_1 \sim a_2$）：8～16mm、10～14mm 和 8～12mm，计算试验隶属函数，其结果见图 5.2。将其与水库实际汛期运行情况进行比较后发现，8～12mm 指标区间比较符合实际情况，以它作为最后确定的实验隶属函数。

2. 确定参数

统计分析音河水库 1964—1987 年 3d 降雨大于 60mm 的资料，可得到 t_2 为 9.17。根据主汛期汛限水位 201.8m，相应库容 $V_{\text{main}} = 0.84 \times 10^8 \text{m}^3$，千年一遇校核洪水位 204.55m，相应库容 $1.47 \times 10^8 \text{m}^3$，即主汛期校核洪水标准的防洪库容 $V_c = 0.63 \times 10^8 \text{m}^3$；百年一遇设计洪水水位 203.75m，相应库容 $1.27 \times 10^8 \text{m}^3$，主汛期设计洪水标准的防洪库容 $V_d = 0.43 \times 10^8 \text{m}^3$。又水库主汛期结束日期为 8 月 10 日，故参数 α_2 为 8.10。参数 b_{c2}、b_{d2} 可根据式（5.28）、式（5.30）确定，为此需要先确定主汛期向非主汛期过渡阶段符合设计、校核洪水标准的防洪库容 V_{d2}、V_{c2}。

对汛后期的洪水样本进行频率计算，确定设计与校核标准的设计、校核洪峰流量及洪量；根据洪水样本资料进行洪水典型的模糊识别，选择设计与校核标准的典型洪水。经过

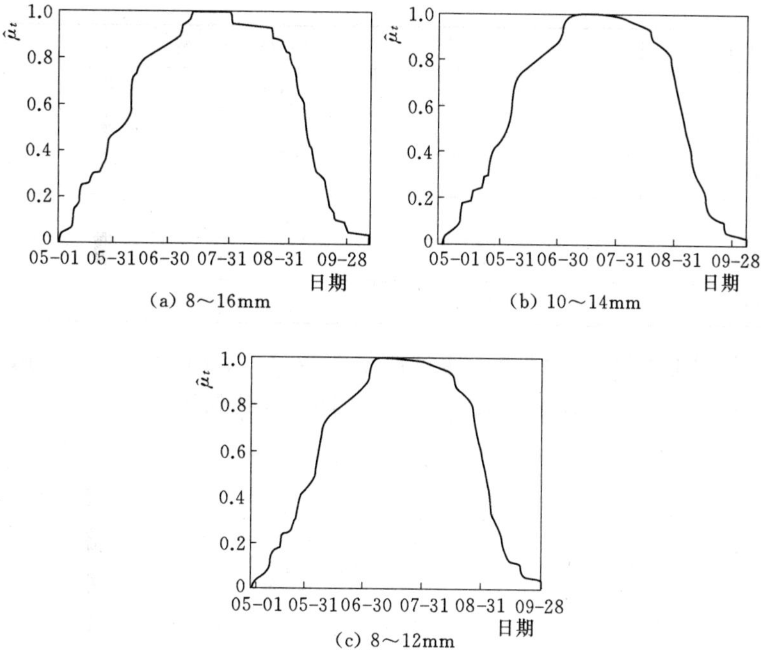

(a) 8～16mm　(b) 10～14mm　(c) 8～12mm

图 5.2　个指标区间的实验隶属函数 $\hat{\mu}_t$

试算可知，与设计水位相对应的起调水位为 202.91m，与校核水位相对应的起调水位为 203.2m。将频率 $p=1\%$ 的起调水位定位为 202.91m，将 $p=0.1\%$ 的起调水位定位为 203.2m。

设计频率 $p=1\%$，选 202.91m 作为起调水位，查得相应库容为 $1.072\times10^8\text{m}^3$，设计库容为 $1.27\times10^8\text{m}^3$，可求得 $V_{d2}=1.27\times10^8-1.072\times10^8=0.198\times10^8\text{m}^3$。同理，可选 203.2m 作为校核频率 $p=0.1\%$ 的起调水位，得 $V_{c2}=1.47\times10^8-1.138\times10^8=0.332\times10^8\text{m}^3$。用式（5.27）～式（5.30）计算参数，结果列于表 5.8。

表 5.8　　**不同设计标准下的参数**

p	洪水位/m	库容/m^3	防洪库容/m^3	t_2	a_2	b_{d2}	b_{c2}	V_{c2}/m^3	V_{d2}/m^3
1%设计	203.75	1.27×10^8	$V_d=0.43\times10^8$	9.17	8.10	42.68			0.198×10^8
0.1%校核	204.55	1.47×10^8	$V_c=0.63\times10^8$	9.17	8.10		47.12	0.332×10^8	

3. 优化模拟

将上述参数代入式（5.31）和式（5.32），可计算出理论隶属函数，结果见表 5.9。

表 5.9　　**实验和理论隶属函数结果**

日期/(月-日)	$\mu_{\underset{\sim}{A}}(t_2)_d(1\%)$	$\mu_{\underset{\sim}{A}}(t_2)_c(0.1\%)$	$\hat{\mu}_{\underset{\sim}{A}}(t)$
08-10	1.000	1.000	0.987
08-15	0.986	0.989	0.978
08-20	0.947	0.960	0.926

续表

日期/(月-日)	$\mu_{\underset{\sim}{A}}(t_2)_d(1\%)$	$\mu_{\underset{\sim}{A}}(t_2)_c(0.1\%)$	$\hat{\mu}_{\underset{\sim}{A}}(t)$
08-25	0.884	0.904	0.917
08-30	0.803	0.835	0.875
09-04	0.710	0.755	0.728
09-09	0.610	0.667	0.556
09-14	0.510	0.576	0.422
09-19	0.416	0.486	0.260

比较实验与理论隶属函数结果，通过调整参数（α_2、b_{d2} 和 b_{c2}），采用最小二乘法，应用式（5.33）进行误差估计，当误差最小时，两曲线达到最优拟合，得到隶属函数拟合结果，见图 5.3。

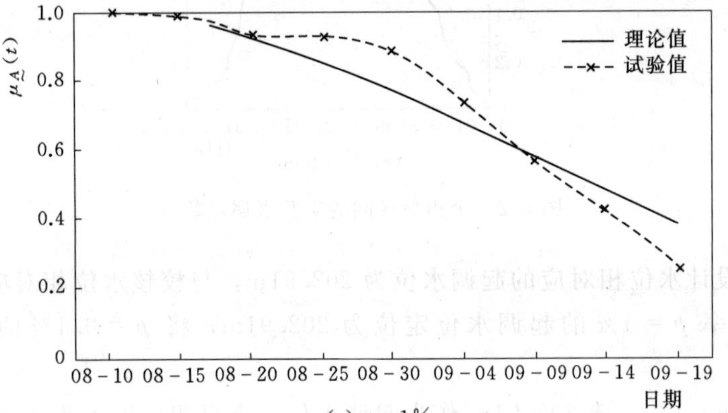

(a) $p=1\%$

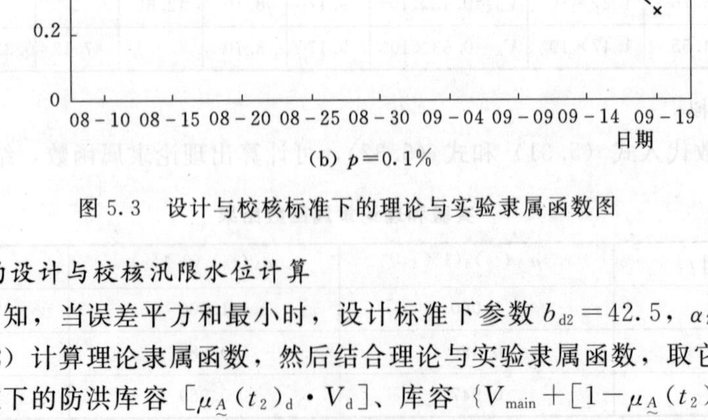

(b) $p=0.1\%$

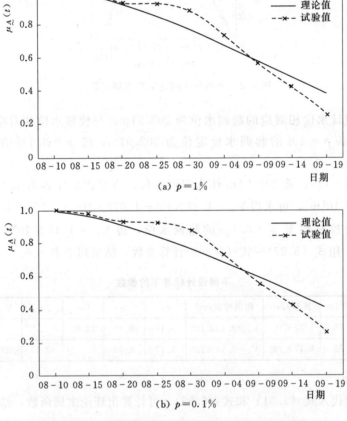

图 5.3　设计与校核标准下的理论与实验隶属函数图

4. 汛后期的设计与校核汛限水位计算

由图 5.3 可知，当误差平方和最小时，设计标准下参数 $b_{d2}=42.5$，$\alpha_2=8.10$，将参数代入式（5.32）计算理论隶属函数，然后结合理论与实验隶属函数，取它们的外包线值来计算设计标准下的防洪库容 $[\mu_{\underset{\sim}{A}}(t_2)_d \cdot V_d]$、库容 $\{V_{main}+[1-\mu_{\underset{\sim}{A}}(t_2)_d \cdot V_d]\}$ 及对

应的汛限水位。同样原理，取校核标准下的参数 $b_{c2}=46.5$，$\alpha_2=8.10$，将其代入式(5.32) 计算理论隶属函数 $[\mu_{\underset{\sim}{A}}(t_2)_d]$，然后结合理论与实验隶属函数，取它们的外包线值来计算校核标准下的防洪库容 $[\mu_{\underset{\sim}{A}}(t_2)_c \cdot V_c]$、库容 $\{V_{main}+[1-\mu_{\underset{\sim}{A}}(t_2)_c \cdot V_c]\}$ 及对应的汛限水位，结果见图 5.4。

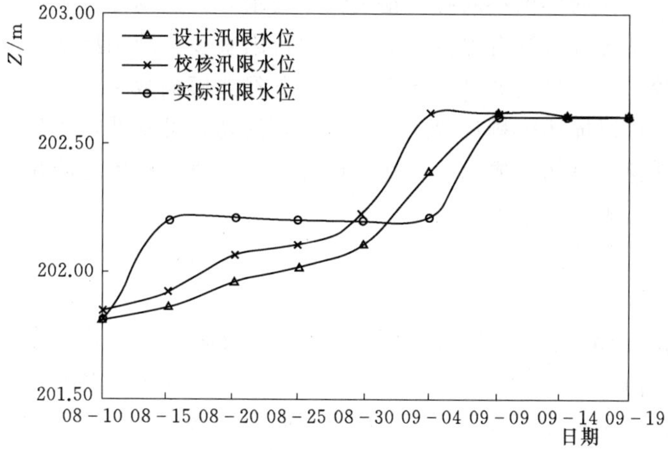

图 5.4 音河水库不同设计标准下汛后期计算与实际设计汛限水位

5.5 基于模糊识别模型的河道健康评价确定

5.5.1 概述

河流健康问题已经成为水资源可持续开发利用中的焦点问题，引起了各界人士的广泛关注。孙雪岚和胡春宏[9]指出河流健康包括三方面内涵：一是河道健康，主要是指河流结构形态和水循环的完整以及功能的完备，是河流生机和活力的基础；二是依赖河流径流丰枯而兴衰的河流生态系统健康，是河流生机和活力的重要表征；三是河流的社会经济价值，为河流的服务功能，是其对流域社会经济的支撑和贡献，是人类开发利用保护河流以及维持河流健康的初衷和意义所在。

河流健康的主体是河流，而河道作为水流的通道，是河流输水泄洪、输送泥沙的载体，是河流形态的具体体现。河流健康首先应该是河流自身结构形态的健康、水循环的完整以及泥沙输移的连续，即河道健康，可以说，河道健康是河流健康的基础[10]。对黄河下游健康的研究也证明，对黄河下游健康起决定性作用的指标均是河道健康方面的指标，即河道健康状况对河流的健康状况起着至关重要的作用，维持黄河下游健康的关键在于维持黄河下游河道健康。

目前，河流健康评价常采用的数学方法主要有数理统计方法、灰关联分析法、人工神经网络法、模糊综合评价法等[11]。数理统计方法的优点是以实测资料为基础，可以消除人为因素的干扰和影响，但是计算烦琐，只注重各指标数据之间的关联性，缺乏对不同指标的物理力学关系重要性的考虑。灰关联分析法概念清楚，对数据要求较低，计算量小，但主要局限于河流水质方面的评价，且灰色绝对关联度不具有规范性和一致性，初值化处理具有序数效应，临界值的确定没有科学根据，其算法存在缺陷。人工神经网络法能模拟人类思维方式，根据事物的本质特征采用直观的推理判断对其进行判断分类，因而评价结果更具客观性，但是学习算法的收敛速度很慢，一般需要成千上万次迭代甚至更多，参数选取需依靠经验，存在局部极小问题，稳定性不是很好。模糊综合评价法的优点是可对涉及模糊因素的对象系统进行综合评价，适用于评价因素多、结构层次多的对象系统，适用性强，应用范围较广，不足之处是它建立在 Zadeh 经典模糊数学基础上，Zadeh 的模糊集合论是静态理论，难以描述模糊现象、事物、概念的动态可变性，用静态的模糊集理论去研究动态的模糊现象、事物与概念，存在着研究理论与研究对象之间相悖的矛盾，这是经典模糊集合论的一大理论缺陷[12]。

5.5.2　实例

黄河下游由桃花峪至入海口，河道长 786km，河床高于两岸地面，汇入支流很少。河道宽浅而散乱，河势变化明显，主流摆动频繁剧烈，泥沙大量落淤，河床持续抬高，水资源供需矛盾尖锐，实施黄河水量统一调度之前断流频频发生。河槽淤积萎缩严重，“悬河”形势加剧，面临严重的健康问题。考虑到水文站点的分布，按照河道的平面形态和演变特性，评价时将黄河下游河道分为 3 个河段，即游荡型河段（花园口—高村）、过渡型河段（高村—艾山）和弯曲型河段（艾山—利津）。

一般认为，20 世纪 50 年代，黄河受人类活动的影响较小，其状态是比较健康的。笔者以此为基础，结合黄河的自然和社会经济条件，考虑到黄河的河道健康以及流域社会经济发展对黄河的一些需求，以“河床不抬高、污染不超标、堤防不决口、河道不断流”为主要健康标准，参考有关国际、国内规范和前人的研究成果，确定合理的健康指标阈值，采用 8 个评价指标分 5 个级别提出了黄河下游具体的健康评价标准，见表 5.10。

表 5.10　黄河下游河道健康评价指标及评价标准

评价指标	指标等级				
	1 （健康）	2 （亚健康）	3 （中等）	4 （亚病态）	5 （病态）
河型稳定性	≥20	15	10	8	<5
宽深比指数	≤1	1.1	1.2	1.3	>1.4
平滩流量满足率/%	≥100	95	90	80	<70
纵横比降比	0	1	4	10	>20
最小环境需水量满足率/%	≥100	90	80	70	<60
水沙搭配指数	≥1	0.9	0.8	0.7	<0.6
河道冲淤变化率	0	0.5	1	1.5	>2
排沙比/%	≥100	90	80	70	<60

以 1997 年花园口—高村河段的河道健康评价为例，说明可变模糊识别方法的具体步骤。

1. 计算指标标准特征值和指标特征值对健康的相对隶属度矩阵

1997 年花园口—高村河段各指标的特征值见表 5.11。

表 5.11　　1997 年花园口—高村河段各指标的特征值

评价指标	河型稳定性	宽深比指数	平滩流量满足率/%	纵横比降比	最小环境需水量满足率/%	水沙搭配指数	河道冲淤变化率	排沙比/%
特征值	4.5	1.51	73.22	4.1	46.1	0.42	1.12	55.65

根据表 5.10 和表 5.11，分别得到指标标准特征值矩阵和指标的特征值矩阵：

$$\boldsymbol{Y}=\begin{bmatrix}20 & 15 & 10 & 8 & 5\\ 1 & 1.1 & 1.2 & 1.3 & 1.4\\ 100 & 95 & 90 & 80 & 70\\ 0 & 1 & 4 & 10 & 20\\ 100 & 90 & 80 & 70 & 60\\ 1 & 0.9 & 0.8 & 0.7 & 0.6\\ 0 & 0.5 & 1 & 1.5 & 2\\ 100 & 90 & 80 & 70 & 60\end{bmatrix}=(y_{ih})$$

$$\boldsymbol{X}=(4.5,1.51,73.22,4.1,46.1,0.42,1.12,55.65)=(x_{ij})$$

式中：y_{ih}为级别h 指标i 的标准特征值（$i=1,2,\cdots,8$；$h=1,2,\cdots,5$）；x_{ij}为样本j 指标i 的特征值（$i=1,2,\cdots,8$；$j=1$）。

再分别由相对隶属度式（5.35）和式（5.36）：

$$s_{ih}=\begin{cases}0\ , & y_{ih}=y_{i5}\\ \dfrac{y_{ih}-y_{i5}}{y_{i1}-y_{i5}}\ , & y_{i1}>y_{ih}>y_{i5}\text{或}\ y_{i1}<y_{ih}<y_{i5}\\ 1\ , & y_{ih}=y_{i1}\end{cases}\tag{5.35}$$

$$r_{ij}=\begin{cases}0\ , & x_{ij}\leqslant y_{i5}\text{或}\ x_{ij}\leqslant y_{i5}\\ \dfrac{x_{ij}-y_{i5}}{y_{i1}-y_{i5}}\ , & y_{i1}>x_{ij}>y_{i5}\text{或}\ y_{i1}<x_{ij}<y_{i5}\\ 1\ , & x_{ij}\geqslant y_{i1}\text{或}\ x_{ij}\leqslant y_{i1}\end{cases}\tag{5.36}$$

计算得指标标准特征值对健康的相对隶属度矩阵 **S** 和指标特征值对健康的相对隶属度矩阵 **R** 分别为

$$\boldsymbol{S}=\begin{bmatrix}1 & 0.67 & 0.33 & 0.2 & 0\\ 1 & 0.75 & 0.50 & 0.25 & 0\\ 1 & 0.83 & 0.67 & 0.33 & 0\\ 1 & 0.95 & 0.8 & 0.5 & 0\\ 1 & 0.75 & 0.5 & 0.25 & 0\\ 1 & 0.75 & 0.5 & 0.25 & 0\\ 1 & 0.75 & 0.5 & 0.25 & 0\\ 1 & 0.75 & 0.5 & 0.25 & 0\end{bmatrix}=(s_{ih})$$

$$\boldsymbol{R}=(0,0,0.11,0.8.0,0,0.44,0)=(r_{ij})$$

式中：s_{ih} 为级别 h 指标 i 的标准特征值对健康的相对隶属度；y_{i1}、y_{i5} 分别为指标 i 的 1 级、5 级标准特征值；r_{ij} 为样本 j 指标 i 的特征值对健康的相对隶属度。

2. 确定指标权向量

（1）确定指标重要性的定性排序。根据黄河下游河道的具体情况，通过征询多位具有丰富学科专业经验的专家的意见，对 8 项评价指标进行二元比较，给出定性排序标度矩阵如下：

$$\boldsymbol{E}=\begin{bmatrix} 0.5 & 0 & 0 & 0 & 0 & 0 & 0 & 0 \\ 1 & 0.5 & 0 & 1 & 0 & 0 & 0 & 0 \\ 1 & 1 & 0.5 & 1 & 0 & 1 & 1 & 1 \\ 1 & 0 & 0 & 0.5 & 0 & 0 & 0 & 0 \\ 1 & 1 & 1 & 1 & 0.5 & 1 & 1 & 1 \\ 1 & 1 & 0 & 1 & 0 & 0.5 & 1 & 1 \\ 1 & 1 & 0 & 1 & 0 & 0 & 0.5 & 0 \\ 1 & 1 & 0 & 1 & 0 & 0 & 1 & 0.5 \end{bmatrix}=(e_{kl})$$

（2）一致性检验。根据一致性条件（若 $e_{hk}>e_{hl}$，则 $e_{lk}>e_{kl}$；若 $e_{hk}<e_{hl}$，则 $e_{lk}<e_{kl}$；若 $e_{hk}=e_{hl}=0.5$，则 $e_{lk}=e_{kl}=0.5$），对矩阵 $\boldsymbol{E}$ 进行一致性检验后，可知 $\boldsymbol{E}$ 满足一致性检验条件。矩阵 $\boldsymbol{E}$ 各行之和依次为 0.5、2.5、6.5、1.5、7.5、5.5、3.5、4.5。其由大到小的排列给出指标重要性的定性排序为最小环境需水量满足率、平滩流量满足率、水沙搭配指数、排沙比、河道冲淤变化率、宽深比指数、纵横比降比、河型稳定性。

（3）确定指标对重要性的相对隶属度。将最重要的指标最小环境需水量满足率作为比较标准，依次与其他 7 项指标应用表 5.12 的语气算子进行二元比较，根据实际情况，运用经验知识，经过慎重考虑判断后，得到指标对重要性的相对隶属度，即非归一化指标权向量为

$$\boldsymbol{w}'=(0.03,0.06,0.22,0.04,0.29,0.16,0.09,0.11)$$

表 5.12　模糊语气算子与模糊标度、相对隶属度关系

模糊语气算子	模糊标度	相对隶属度	模糊语气算子	模糊标度	相对隶属度
同样	0.500	1.000	十分	0.800	0.250
	0.525	0.905		0.828	0.212
稍稍	0.550	0.818	非常	0.850	0.176
	0.575	0.739		0.875	0.143
略为	0.600	0.667	极其	0.900	0.111
	0.625	0.600		0.925	0.081
较为	0.650	0.538	极端	0.950	0.053
	0.675	0.481		0.975	0.026
明显	0.700	0.429	无可比拟	1.000	0
	0.725	0.379			
显著	0.750	0.333			
	0.775	0.290			

3. 计算样本对级别 h 的相对隶属度

将 $\boldsymbol{R}$ 中的相对隶属度 $r_{1,j} \sim r_{8,j}$ 分别与矩阵 $\boldsymbol{S}$ 中的第 1～8 行的行向量逐一地进行比较，可知 r_j 落入矩阵 $\boldsymbol{S}$ 的级别下限 a_j 还是级别上限 b_j。

根据广义权距离公式（5.37）和可变模糊识别评价模型式（5.38）：

$$d_{hj} = \left\{ \sum_{i=1}^{8} [w_i (r_{ij} - s_{ih})]^p \right\}^{\frac{1}{p}} \quad ,h = a_j ,\cdots ,b_j \tag{5.37}$$

$$u_{hj} = \begin{cases} 0 & , \quad h_{ij} < a_j \text{ 或 } h > b_j \\ \left(d_{hj}^{\alpha} \sum_{k=a_j}^{b_j} d_{kj}^{-\alpha}\right)^{-1} & , \quad d_{hj} \neq 0, a_j \leqslant h \leqslant b_j \\ 1 & , \quad d_{hj} = 0 \text{ 或 } r_{ij} = s_{ih} \end{cases} \tag{5.38}$$

取 $\alpha = 2$，$p = 2$，得样本归属于各个级别的最优相对隶属度矩阵为

$$\boldsymbol{U}^* = (0,0,0.049,0.214,0.737)$$

最后计算得到的样本的级别特征值向量为

$$\boldsymbol{H} = (1,2,3,4,5)\boldsymbol{U}^{*\mathrm{T}} = 4.689$$

可见，河道健康等级为 5 级，处于病态。

遵循相同的步骤，分别对黄河下游河道 1986—2005 年各河段的健康状况做出评价，最终得出 H 值及评价结果，见表 5.13。

表 5.13　　黄河下游河道 1986—2005 年各河段的 H 值及评价结果

年份	花园口—高村		高村—艾山		艾山—利津	
	H	健康等级	H	健康等级	H	健康等级
1986	1.564	亚健康	2.149	亚健康	2.849	中等
1987	2.741	中等	3.052	中等	3.206	中等
1988	2.396	亚健康	1.955	亚健康	2.231	亚健康
1989	1.850	亚健康	1.712	亚健康	1.967	亚健康
1990	1.952	亚健康	2.061	亚健康	1.960	亚健康
1991	3.224	中等	3.495	中等	3.405	中等
1992	2.801	中等	2.876	中等	3.761	亚病态
1993	2.085	亚健康	2.211	亚健康	3.248	中等
1994	2.735	中等	2.447	亚健康	2.578	中等
1995	3.076	中等	3.531	亚病态	3.884	亚病态
1996	3.057	中等	3.398	中等	3.354	中等
1997	4.689	病态	4.561	病态	3.994	亚病态
1998	3.773	亚病态	3.845	亚病态	3.648	亚病态
1999	4.072	亚病态	3.966	亚病态	4.286	亚病态
2000	3.486	中等	3.835	亚病态	4.167	亚病态
2001	3.475	中等	3.792	亚病态	3.884	亚病态

续表

年份	花园口—高村		高村—艾山		艾山—利津	
	H	健康等级	H	健康等级	H	健康等级
2002	3.363	中等	3.635	亚病态	3.678	亚病态
2003	2.195	亚健康	2.283	亚健康	2.646	中等
2004	2.301	亚健康	2.642	中等	2.591	中等
2005	1.836	亚健康	2.198	亚健康	2.162	亚健康

4. 黄河下游河道健康评价结果分析

从河段来看，花园口—高村河段的河道健康状况优于其他河段，艾山—利津河段的河道健康状况较差，高村—艾山河段的河道健康状况则居于两者之间。H 值沿程递增，距离花园口越近的河段，河道健康状况越好；越往下游，健康状况越差。

从时段来看，1986—1999 年，黄河下游河道健康状况整体呈现下滑趋势。花园口—高村河段由 1986 年的近乎健康级别下滑到 1997 年的最低点，H 值达到 4.689，河道健康处于病态级别。同样，高村—艾山河段也由 1986 年的亚健康状态下滑到 1997 年的最低点，H 值为 4.561，处于病态。艾山—利津河段则在 1999 年达到最低点，H 值为 4.286，处于亚病态。

2000—2005 年，花园口—高村河段年际变幅较大，河道健康恢复相对较快，而高村—艾山河段和艾山—利津河段的河道健康状况则比较接近，年际变幅不如花园口—高村河段大，恢复相对较慢。

黄河下游河道各河段从 2003 年开始已基本恢复到亚健康水平，总体比前几年明显好转，说明黄河下游河道的健康状况整体趋于好转之中。

1986—1999 年，黄河下游来水来沙条件发生了较大变化。一方面，黄河流域气候变干，降雨偏少；另一方面，黄河沿程引水量剧增，下游大部分时间处于小水期，进入连续十多年的枯水枯沙时期，河道萎缩严重，大洪水减少，断流频发。下游河道的健康状况虽有年际波动，但呈现持续下滑趋势，各河段均在该时期末期下滑到了历史最差状态。2000—2005 年，在水量统一分配政策、小浪底水库的蓄水运用以及调水调沙等多种措施的干预下，黄河下游河道得到了全面冲刷，过流能力大大增强，河道健康状况明显好转。

5.6　基于模糊识别模型的水库典型洪水选择

5.6.1　概述

水库设计洪水体现水库防洪设计标准，关系到工程的安全与经济，是水库规划设计阶段的重要研究内容。水库设计洪水包括洪峰、洪量及洪水过程，其中峰、量可根据历史实测流量资料（由流量资料推求设计洪水时）进行频率分析、按水库防洪设计标准确定，在我国，设计洪水过程线的推求通常采用典型洪水放大。

目前，设计洪水过程线典型洪水放大研究，大部分集中在改进放大方法及过程线修匀方面，对于更为主要的放大对象——典型洪水的选择理论、模型与方法的研究很少。选择典型洪水的方法是依据“峰高量大，偏防洪不利”的定性原则选取方法，缺乏能够描述该原则的数学理论、模型与方法。本节以可变模糊集理论为基础，全面分析可描述典型洪水选择定性原则的量化指标，研究其数学模型。以丹江口水库为例，具体说明方法的基本思路和步骤，并验证方法的合理性、可行性。

5.6.2 实例

丹江口水库是南水北调中线的水源工程，目前承担着防洪、发电、灌溉、航运等综合利用任务，自建成以来，取得了巨大的综合利用效益。南水北调中线工程实施后，丹江口水库增加了供水任务。其可调出水量直接关系到南水北调中线工程规模、工程效益与工程建设，关系到我国水资源优化配置战略格局，也关系到有效缓解北京、天津、华北地区缺水和改善生态环境战略目标的实现。研究丹江口水库的设计洪水，是提高中线供水保证程度、优化配置水资源和中线水资源调度的研究基础。

丹江口水库按 1000 年一遇洪水设计，主汛期分为夏汛和秋汛，设计时依照原则分别选取“35.7”“64.10”为典型洪水，按 7 日洪量同倍比放大得到夏汛、秋汛设计洪水过程线。

将年最大洪峰，年最大 1 日洪量、3 日洪量、7 日洪量作为选择丹江口水库夏汛典型洪水的特征量。对历史流量资料进行频率分析得到水库设计标准的全年最大 1 日洪量、3 日洪量值，见表 5.14。

表 5.14　丹江口水库流量资料频率分析成果

频率 p	年最大洪峰流量 Q_m /(m^3/s)	年最大 1 日洪量 W_{1d} /亿 m^3	年最大 3 日洪量 W_{3d} /亿 m^3	年最大 7 日洪量 W_{7d} /亿 m^3
0.10%	64900	28.4	74.8	188

则 $\boldsymbol{S}'=[s'_{Q_m},s'_{W_{1d}},s'_{W_{3d}},s'_{W_{7d}}]=[64900,28.4,74.8,188]$。

首先依照原则初选夏汛多场“峰高量大”洪水，见表 5.15。

表 5.15　丹江口夏汛场次大洪水特征量

洪号	洪峰流量 Q_m /(m^3/s)	最大 1 日洪量 W_{1d} /亿 m^3	最大 3 日洪量 W_{3d} /亿 m^3	最大 7 日洪量 W_{7d} /亿 m^3
“35.7”	55800	44.0	96.8	130.2
“75.8”	13500	9.7	25.5	33.5
“80.6”	24300	18.6	33	44
“82.7”	26800	15.1	32	55.5
“83.7”	33500	26.2	51	72.4
“87.7”	22600	17.6	36	43.5
“89.7”	23300	18.4	36.6	49.4

由表 5.15 得到洪水特征量指标矩阵为

$$X_{4\times7}=\begin{bmatrix}55800 & 13500 & 24300 & 26800 & 33500 & 22600 & 22300\\44.0 & 9.7 & 18.6 & 15.1 & 26.2 & 17.6 & 18.4\\96.8 & 25.5 & 33.0 & 32.0 & 51.0 & 36.0 & 36.6\\130.2 & 33.5 & 44.0 & 55.5 & 72.4 & 43.5 & 49.4\end{bmatrix}$$

规格化得

$$R_{4\times7}=\begin{bmatrix}0.860 & 0.208 & 0.374 & 0.413 & 0.516 & 0.348 & 0.359\\1.550 & 0.342 & 0.655 & 0.532 & 0.923 & 0.620 & 0.648\\1.294 & 0.341 & 0.441 & 0.428 & 0.682 & 0.481 & 0.489\\0.693 & 0.178 & 0.234 & 0.295 & 0.385 & 0.231 & 0.263\end{bmatrix}$$

丹江口水库大坝加高扩容后为多年调节的大型水库，控制时段较长的洪水总量是防洪形势分析的最重要指标，因此确定特征量的权重向量为

$$w=(w_1,w_2,w_3,w_4)=(0.1,0.18,0.27,0.45) \tag{5.39}$$

由式（5.10）并按以下4种组合方式变换参数α、p，分别计算得到各样本对标准优模式的相对隶属度u_j'，取4种计算结果的算术平均值，得到最终的相对隶属度u_j，见表5.16。

表5.16　可变模糊模式识别结果

洪　号	相对隶属度 u_j'				相对隶属度 u_j
	$\alpha=1$（最小一乘方准则）；$p=1$（海明距离）	$\alpha=1$；$p=2$（欧氏距离）	$\alpha=2$（最小二乘方准则）；$p=1$	$\alpha=2$；$p=2$	
“35.7”	0.86	0.98	0.93	0.79	0.89
“75.8”	0.26	0.11	0.11	0.11	0.15
“80.6”	0.39	0.3	0.26	0.26	0.3
“82.7”	0.39	0.3	0.26	0.26	0.3
“83.7”	0.59	0.68	0.59	0.59	0.61
“87.7”	0.4	0.3	0.26	0.26	0.31
“89.7”	0.42	0.34	0.3	0.3	0.34

依据表5.16的计算结果，按相对隶属度最大原则，“35.7”洪水的多指标综合相对隶属度最大，等于0.89，可作为推求丹江口水库夏汛设计洪水过程线的典型洪水。

不改变指标权重大小排序，多种方式变换指标权重，得到的场次洪水相对隶属度排序不变，且“35.7”洪水的相对隶属度明显高于其他洪水，因而可最终确定“35.7”洪水为推求丹江口水库夏季设计洪水的典型洪水。

第 6 章　可变模糊评价方法及其应用

6.1　可变模糊评价方法的理论基础

应用可变模糊模式识别模型，可以对不同领域多指标评判问题进行综合评价，称为可变模糊识别评价方法。该方法理论严谨、精度较高，但计算量相对较大。本节根据不同专业领域内多级别评价问题具有优级、中介级、劣级的特点，应用对立（优、劣）模糊集概念，提出理论严谨，能够满足评价精度要求，但计算工作量相对较小的可变模糊综合评价模型与方法，简称为可变模糊评价方法。

设已知待评对象的 m 个指标特征值向量为

$$\boldsymbol{X}=(x_1,x_2,\cdots,x_m) \tag{6.1}$$

依据 m 个指标 c 个级别的指标标准区间矩阵

$$\boldsymbol{I}=\begin{bmatrix} [a,b]_{11} & [a,b]_{12} & \cdots & [a,b]_{1c} \\ [a,b]_{21} & [a,b]_{22} & \cdots & [a,b]_{2c} \\ \vdots & \vdots & \ddots & \vdots \\ [a,b]_{m1} & [a,b]_{m2} & \cdots & [a,b]_{mc} \end{bmatrix}=([a,b]_{ih}),\ i=1,2,\cdots,m;\ h=1,2,\cdots,c \tag{6.2}$$

进行综合评价。对越大越优型指标，$a>b$，对越小越优型指标，$a<b$。前者为递减型指标，后者为递增型指标。

(1) 设 $h=1$ 为优级，其指标标准值区间 $I_{i1}=[a,\ b]_{i1}$。显然，区间 I_{i1} 的上界 a_{i1} 对优级 $\underset{\sim}{A}$ 的相对隶属度 $\mu_{\underset{\sim}{A}}(a_{i1})=1$，下界 b_{il} 对 $\underset{\sim}{A}$ 的相对隶属度 $\mu_{\underset{\sim}{A}}(b_{i1})=0.5$。

设 M_{i1} 为指标 i 在区间 $[a,\ b]_{i1}$ 内对 $\underset{\sim}{A}$ 的相对隶属度为 1 的点值，因 1 级为优级，区间左端点 a_{i1} 对优级 $\underset{\sim}{A}$ 的相对隶属度等于 1，则有 $M_{i1}=a_{i1}$，即 M_{i1} 位于区间 I_{i1} 的左端点。

当待评对象指标 i 特征值 x_i 落入 1 级区间 I_{i1} 范围内，x_i 必在 M_{i1} 的右侧。x_i 对 1 级的相对隶属度可按式（6.3）计算：

$$\mu_{\underset{\sim}{A}}(x_i)_1=0.5\left[1+\left(\frac{x_i-b_{i1}}{M_{i1}-b_{i1}}\right)^{\beta}\right],\quad x_i\in[M_{i1},b_{i1}] \tag{6.3}$$

式（6.3）满足当 $x_i=a_{i1}$ 时，对优级 $\underset{\sim}{A}$ 的相对隶属度 $\mu_{\underset{\sim}{A}}(a_{i1})=1$；当 $x_i=b_{i1}$ 时 $\mu_{\underset{\sim}{A}}(b_{i1})=0.5$。

当 x_i 落入 I_{i1} 的邻级 I_{i2} 范围内时，x_i 也必在 M_{i1} 的右侧。x_i 对 1 级的相对隶属度可按式（6.4）计算：

$$\mu_{\underset{\sim}{A}}(x_i)_1=0.5\left[1-\left(\frac{x_i-b_{i1}}{d_{i1}-b_{i1}}\right)^{\beta}\right],\quad x_i\in[b_{i1},d_{i1}] \tag{6.4}$$

式（6.4）满足当 $x_i=b_{i1}$ 时，对1级的相对隶属度 $\mu_{\underset{\sim}{A}}(b_{i1})=0.5$；当 $x_i=d_{i1}$ 时 $\mu_{\underset{\sim}{A}}(d_{i1})=0$。式中 $d_{i1}=b_{i2}$，如图6.1所示；β 为非负指数，可取 $\beta=1$，即线性函数。

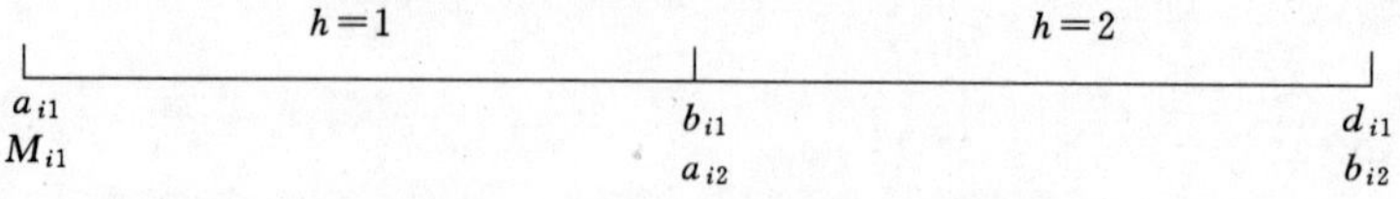

图6.1 $d_{i1}=b_{i2}$，$M_{i1}=a_{i1}$ 示意图

（2）当 $h=c$ 时为劣级，其指标标准值区间 $I_{ic}=[a,\ b]_{ic}$，显然区间 I_{ic} 的下界 b_{ic} 对劣级 $\underset{\sim}{A}^c$ 的相对隶属度 $\mu_{\underset{\sim}{A}^c}(b_{ic})=1$；当 $x_i=a_{ic}$ 时，$\mu_{\underset{\sim}{A}^c}(a_{ic})=0.5$。

设 M_{ic} 为指标 i 在区间 $[a,\ b]_{ic}$ 内对劣级 $\underset{\sim}{A}^c$ 的相对隶属度为1的点值，因 c 级为劣级，区间右端点 b_{ic} 对劣级 $\underset{\sim}{A}^c$ 的相对隶属度为1，则有 $M_{ic}=b_{ic}$。

当指标 i 特征值 x_i 落入 c 级区间 I_{ic}，即 M_{ic} 的左侧时，x_i 对劣级的相对隶属度可按式（6.5）计算：

$$\mu_{\underset{\sim}{A}^c}(x_i)_c=0.5\left[1+\left(\frac{x_i-a_{ic}}{M_{ic}-a_{ic}}\right)^{\beta}\right],\quad x_i\in[a_{ic},M_{ic}] \tag{6.5}$$

式（6.5）满足：当 $x_i=b_{ic}$ 时，对劣级 $\underset{\sim}{A}^c$ 的相对隶属度 $\mu_{\underset{\sim}{A}^c}(b_{ic})=1$；当 $x_i=a_{ic}$ 时，$\mu_{\underset{\sim}{A}^c}(a_{ic})=0.5$；当 x_i 落入区间 $I_{i(c-1)}$ 即邻级（$c-1$）级时，x_i 也必在 M_{ic} 的左侧。x_i 对劣级的相对隶属度可按式（6.6）计算：

$$\mu_{\underset{\sim}{A}^c}(x_i)_c=0.5\left[1-\left(\frac{x_i-a_{ic}}{c_{ic}-a_{ic}}\right)^{\beta}\right],\quad x_i\in[c_{ic},a_{ic}] \tag{6.6}$$

其中 $c_{ic}=a_{i(c-1)}$，如图6.2所示。

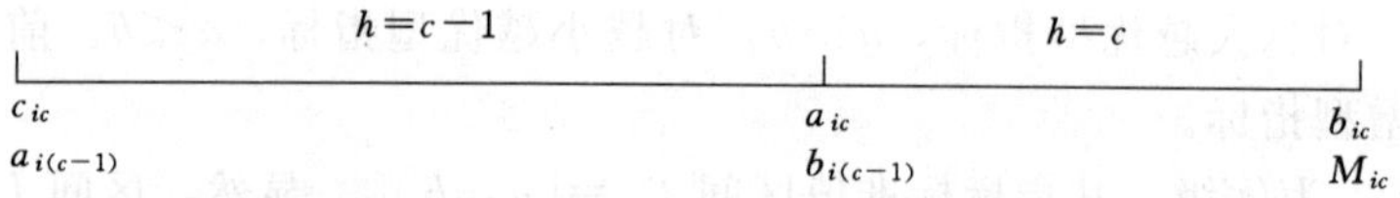

图6.2 $c_{ic}=a_{i(c-1)}$、$M_{ic}=b_{ic}$ 示意图

（3）当 c 为中介级。先设 c 为奇数，则存在不优不劣的中介级 $l=\dfrac{c+1}{2}$，其指标标准值区间 $I_{il}=[a,\ b]_{il}$，区间 I_{il} 的上、下界 a_{il} 与 b_{il} 对 l 级的相对隶属度均为0.5。但它们与邻级的关系并不一样，即 a_{il} 与 $b_{i(l-1)}$ 重合，b_{il} 与 $a_{i(l+1)}$ 重合，前者对（$l-1$）级具有小于0.5的相对隶属度，后者对（$l+1$）级具有小于0.5的相对隶属度。

设 M_{il} 为中介级 l 区间 $[a,\ b]_{il}$ 中对不优不劣级 l 的相对隶属度为1的点值。由于已经设定1级为优级，c 级为劣级并已根据优、劣的对立模糊概念，确定 $M_{il}=a_{il}$，$M_{ic}=b_{ic}$，根据1级至 c 级，即优级向劣级逐步变化过程中，中介级 l 的 M_{il} 点值可取 l 级的区间中点，即 $M_{il}=\dfrac{a_{il}+b_{il}}{2}$。

如 x_i 落入区间 $I_{il}=[a,\ b]_{il}$ 内，且在 M_{il} 的左侧，则 x_i 对 l 级的相对隶属度可按式

（6.7）确定：

$$\mu_{\underset{\sim}{A}}(x_i)_l=0.5\left[1+\left(\frac{x_i-a_{il}}{M_{il}-a_{il}}\right)^{\beta}\right],\quad x_i\in[a_{il},M_{il}] \tag{6.7}$$

如 x_i 落入左侧相邻区间 $I_{i(l-1)}=[a,b]_{i(l-1)}$ 内，x_i 也必在 M_{il} 的左侧，则 x_i 对 l 级的相对隶属度可按式（6.8）计算：

$$\mu_{\underset{\sim}{A}}(x_i)_l=0.5\left[1-\left(\frac{x_i-a_{il}}{c_{il}-a_{il}}\right)^{\beta}\right],\quad x_i\in[c_{il},a_{il}] \tag{6.8}$$

如 x_i 落入区间 $I_{il}=[a,\ b]_{il}$ 内，且在 M_{il} 的右侧，则 x_i 对 l 级的相对隶属度可按式（6.9）确定：

$$\mu_{\underset{\sim}{A}}(x_i)_l=0.5\left[1+\left(\frac{x_i-b_{il}}{M_{il}-b_{il}}\right)^{\beta}\right],\quad x_i\in[M_{il},b_{il}] \tag{6.9}$$

如 x_i 落入右侧相邻区间 $I_{i(l+1)}=[a,b]_{i(l+1)}$ 内，x_i 也必在 M_{il} 的右侧，则 x_i 对 l 级的相对隶属度可按式（6.10）确定：

$$\mu_{\underset{\sim}{A}}(x_i)_l=0.5\left[1-\left(\frac{x_i-b_{il}}{d_{il}-b_{il}}\right)^{\beta}\right],\quad x_i\in[b_{il},d_{il}] \tag{6.10}$$

$d_{il}=b_{i(l+1)}$，如图 6.3 所示。

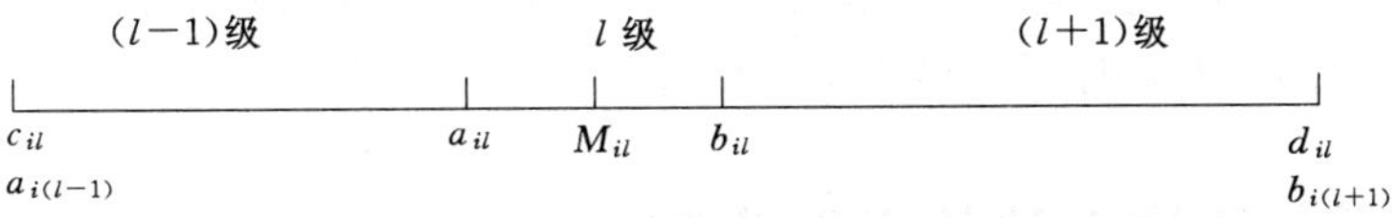

图 6.3　c 为奇数，$c_{il}=a_{i(l-1)}$、$d_{il}=b_{i(l+1)}$ 与 M_{il} 示意图

若 c 为偶数，不存在中介级，或中介级 l 变为中介点。

中介级 M_{il}（c 为奇数）或中介点（c 为偶数）将 c 个级别分为左、右两部分，左部级别 $h=1,2,\cdots,\frac{c-1}{2}$（$c$ 为奇数），$h=1,2,\cdots,\frac{c}{2}$（c 为偶数）以优为主，右部级别 $h=c,c-1,\cdots,\frac{c+3}{2}$（$c$ 为奇数），$h=c,c-1,\cdots,\frac{c+2}{2}$（$c$ 为偶数）以劣为主。

将上述 $h=1$、$h=c$、$h=l$ 三种情况 x_i 落在 M_{ih} 左、右侧时，对级别 h 的相对隶属度公式（6.3）～式（6.10）进行归纳，得到级别 h 相对隶属度计算公式的统一模型如下：

当 x_i 落在 M_{ih} 左侧时：

$$\mu_{\underset{\sim}{A}}(x_i)_h=0.5\left[1+\left(\frac{x_i-a_{ih}}{M_{ih}-a_{ih}}\right)^{\beta}\right],\quad x_i\in[a_{ih},M_{ih}] \tag{6.11}$$

$$\mu_{\underset{\sim}{A}}(x_i)_h=0.5\left[1-\left(\frac{x_i-a_{ih}}{c_{ih}-a_{ih}}\right)^{\beta}\right],\quad x_i\in[c_{ih},a_{ih}] \tag{6.12}$$

当 x_i 落在 M_{ih} 右侧时：

$$\mu_{\underset{\sim}{A}}(x_i)_h=0.5\left[1+\left(\frac{x_i-b_{ih}}{M_{ih}-b_{ih}}\right)^{\beta}\right],\quad x_i\in[M_{ih},b_{ih}] \tag{6.13}$$

$$\mu_{\underset{\sim}{A}}(x_i)_h=0.5\left[1-\left(\frac{x_i-b_{ih}}{d_{ih}-b_{ih}}\right)^{\beta}\right],\quad x_i\in[b_{ih},d_{ih}] \tag{6.14}$$

其中，$h=1,2,3,\cdots,l-1$。M_{ih}是一个重要参数，可根据待评对象级别 h 对优、劣模糊概念的物理分析确定。对优级即 $h=1$，$M_{i1}=a_{i1}$；对劣级即 $h=c$，$M_{ic}=b_{ic}$；对 c 为奇数的中介级（不优不劣级）$h=l$，$M_{il}=\dfrac{a_{il}+b_{il}}{2}$。对于 $c>3$ 的多级别综合评价问题，它们是需要满足的边界条件。

当 $h=l+1,l+2,\cdots,c$ 时，式（6.11）～式（6.14）中的 $\mu_{\underset{\sim}{A}}(x_i)_h$ 以 $\mu_{\underset{\sim}{A}^c}(x_i)_h$ 置换。

对于 $c>3$ 的其他级别，M_{ih}可根据级别 $1\sim c$，由优级逐步变化为劣级，且经过中介级 l（c 为奇数）或中介点（c 为偶数）。即当 M_{ih}为线性变化时，M_{ih}的点值通用模型为

$$M_{ih}=\frac{c-h}{c-1}a_{ih}+\frac{h-1}{c-1}b_{ih} \tag{6.15}$$

式（6.15）满足下面三个边界条件：①当 $h=1$ 时，$M_{i1}=a_{i1}$；②当 $h=c$ 时，$M_{ic}=b_{ic}$；③当 $h=l=\dfrac{c+1}{2}$时，$M_{il}=\dfrac{a_{il}+b_{il}}{2}$，且对递减指标（$a>b$，越大越优）、递增指标（$a<b$，越小越优）均可适用。

根据式（6.11）～式（6.15）可以确定评价对象指标 i 的特征值 x_i 对各个级别的相对隶属度矩阵，然后应用可变模糊优选模型求解级别 h 的综合相对隶属度，最后应用级别特征值公式（3.12），对待评对象做出综合评价。

6.2　模糊可变评价方法的求解步骤

已知待评价样本的 m 个指标特征向量为

$$\boldsymbol{x}=(x_1,x_2,\cdots,x_m) \tag{6.16}$$

依据 c 个级别的标准值区间矩阵为

$$\boldsymbol{I}_{ab}=\begin{bmatrix}[a,b]_{11} & [a,b]_{12} & \cdots & [a,b]_{1c}\\ [a,b]_{21} & [a,b]_{22} & \cdots & [a,b]_{2c}\\ \vdots & \vdots & \ddots & \vdots\\ [a,b]_{m1} & [a,b]_{m2} & \cdots & [a,b]_{mc}\end{bmatrix}=([a,b]_{ih}) \tag{6.17}$$

其中：$i=1,2,\cdots,m$；$h=1,2,\cdots,c$（m 为评价指标数，c 为级别数）。

下面对样本进行评价。求解步骤如下：

（1）根据已知的 c 个级别的标准值区间矩阵 $\boldsymbol{I}_{ab}$，构造变动区间的范围值矩阵 $\boldsymbol{I}_{cd}$：

$$\boldsymbol{I}_{cd}=\begin{bmatrix}[a,b]_{11} & [a,b]_{12} & \cdots & [a,b]_{1c}\\ [a,b]_{21} & [a,b]_{22} & \cdots & [a,b]_{2c}\\ \vdots & \vdots & \ddots & \vdots\\ [a,b]_{m1} & [a,b]_{m2} & \cdots & [a,b]_{mc}\end{bmatrix}=([a,b]_{ih}) \tag{6.18}$$

其中：$i=1,2,\cdots,m$；$h=1,2,\cdots,c$。

（2）依据对指标 i 的物理分析与实际情况，确定指标 i 级别 h 的 $\boldsymbol{M}$ 矩阵：

$$\boldsymbol{M}=\begin{bmatrix} m_{11} & m_{12} & \cdots & m_{1c} \\ m_{21} & m_{22} & \cdots & m_{2c} \\ \vdots & \vdots & \ddots & \vdots \\ m_{m1} & m_{m2} & \cdots & m_{mc} \end{bmatrix}=(m_{ih}) \tag{6.19}$$

其中：$i=1,2,\cdots,m$；$h=1,2,\cdots,c$。

(3) 确定指标权向量。

$$\boldsymbol{w}=(w_1,w_2,\cdots,w_m)=(w_i) \tag{6.20}$$

(4) 应用公式

$$\left.\begin{aligned} D_{\underset{\sim}{A}}(u)&=\left(\frac{x-a}{M-a}\right)^{\beta},x\in[a,M] \\ D_{\underset{\sim}{A}}(u)&=-\left(\frac{x-a}{c-a}\right)^{\beta},x\in[c,a] \end{aligned}\right\} \tag{6.21}$$

$$\left.\begin{aligned} D_{\underset{\sim}{A}}(u)&=\left(\frac{x-b}{M-b}\right)^{\beta},x\in[M,b] \\ D_{\underset{\sim}{A}}(u)&=-\left(\frac{x-b}{d-b}\right)^{\beta},x\in[b,d] \end{aligned}\right\} \tag{6.22}$$

$$\mu_{\underset{\sim}{A}}(u)=\frac{1+D_{\underset{\sim}{A}}(u)}{2} \tag{6.23}$$

以及矩阵 $\boldsymbol{I}_{ab}$、$\boldsymbol{I}_{cd}$、$\boldsymbol{M}$ 中的对应数据计算指标 i 级别 h 的相对隶属度矩阵：

$$\boldsymbol{\mu}_{\underset{\sim}{A}}(\boldsymbol{u})=\begin{bmatrix} \mu_{\underset{\sim}{A}}(u)_{11} & \mu_{\underset{\sim}{A}}(u)_{12} & \cdots & \mu_{\underset{\sim}{A}}(u)_{1c} \\ \mu_{\underset{\sim}{A}}(u)_{21} & \mu_{\underset{\sim}{A}}(u)_{22} & \cdots & \mu_{\underset{\sim}{A}}(u)_{2c} \\ \vdots & \vdots & \ddots & \vdots \\ \mu_{\underset{\sim}{A}}(u)_{m1} & \mu_{\underset{\sim}{A}}(u)_{m2} & \cdots & \mu_{\underset{\sim}{A}}(u)_{mc} \end{bmatrix}=[\mu_{\underset{\sim}{A}}(u)_{ih}] \tag{6.24}$$

(5) 应用模型

$$\nu_{\underset{\sim}{A}}(u)_h=\frac{1}{1+\left(\frac{d_{gh}}{d_{bh}}\right)^{\alpha}} \tag{6.25}$$

计算样本对级别 h 的综合相对隶属度向量为

$$\nu_{\underset{\sim}{A}}(u)=[\nu_{\underset{\sim}{A}}(u)_1,\nu_{\underset{\sim}{A}}(u)_2,\cdots,\nu_{\underset{\sim}{A}}(u)_c]=[\nu_{\underset{\sim}{A}}(u)_h] \tag{6.26}$$

其中：$h=1,2,\cdots,c$。

对向量进行归一化，得到满足归一化条件

$$\sum_{h=1}^{c}\nu^{o}_{\underset{\sim}{A}}(u)_h=1 \tag{6.27}$$

的样本对级别 h 的综合相对隶属度向量：

$$\nu^{o}_{\underset{\sim}{A}}(u)=[\nu^{o}_{\underset{\sim}{A}}(u)_1,\nu^{o}_{\underset{\sim}{A}}(u)_2,\cdots,\nu^{o}_{\underset{\sim}{A}}(u)_c]=[\nu^{o}_{\underset{\sim}{A}}(u)_h] \tag{6.28}$$

(6) 应用级别特征值公式计算样本的级别特征值。

$$H=(1,2,\cdots,c)\nu^{o}_{\underset{\sim}{A}}(u)^{\mathrm{T}}_h \tag{6.29}$$

(7) 根据模糊可变集合关于变换模型、变换模型中的参数(主要是指标权向量)的有关原理，重复步骤(3)～(6)，得到样本级别特征值 H 的变动范围，分析样本级别特征值 H 的稳定性，最终确定样本的评定级别，从而可以提高评价结果的可靠性。这是著者建立可变模糊集理论的原因之一，将其应用于工程领域中识别、评价等方面有望提高识别评价成果的可信度。

6.3 可变模糊评价方法在水资源系统评价中的应用

6.3.1 概述

水资源作为一种社会经济发展必需的基础性资源，其承载能力反映了对一个区域社会经济发展的最大支撑能力。水资源承载能力评价能揭示有限的水资源与人口、环境和经济发展之间的关系，有助于合理充分地利用水资源，使经济建设与水资源保护同步进行，促进社会经济可持续发展。水资源承载能力评价分析的目的是揭示有限的水资源与人口、环境和经济发展之间的关系，合理充分地利用水资源，使经济建设与水资源保护同步进行，促进社会经济持续发展。可见，对水资源承载能力进行评价，必然要涉及资源、经济和环境等多方面的因素。模糊综合评判法、模糊模式识别法、投影寻踪法等是各有特点的综合评价方法。由于实际用于评价的因素指标评价标准是区间的概念，所以大多数的评价方法将评价标准或参照标准处理成点的形式还存在一定的不足。可变模糊评价模型为水资源承载能力评价提供了一种有效途径，它可以确定影响地下水资源承载能力的各个指标对各级别标准值区间的相对隶属度，并能综合考虑各个指标的权重，从而能较全面地分析出区域水资源承载能力的状况，实现水资源可持续利用，保障社会经济实现可持续发展。

6.3.2 水资源承载能力评价实例

1. 研究区域

淮河流域由淮河及沂沭泗两大水系组成。淮河流域位于中原，在北纬31°～38°，地处我国南北气候过渡地带，属暖温带半湿润季风气候区，多年平均降雨量880mm，地表水资源总量621亿 m^3，地下水资源总量214亿 m^3。流域内水系众多，水利设施种类较齐全，大、中、小型水库5300多座，其中大型水库35座，总库容250亿 m^3，兴利库容约110亿 m^3，设计灌溉面积193万 hm^2，工程基本配套的有效灌溉面积近133万 hm^2。

淮河流域的水资源并不丰富，特别是近年来，随着经济迅速发展和人口骤增，流域内水资源供需矛盾日趋明显，研究流域水资源承载能力，对进一步开发利用流域内水资源，实现水资源优化管理，缓解水资源供需矛盾具有重要的意义。其水资源的有关资料列于表6.1。另外淮河流域为面积较大的流域，故将它分为洪泽湖以上、淮河下游平原、沂沭泗河3个区域，同时考虑到淮河片包括淮河流域与山东半岛，因此本节在评价淮河流域的同时也研究了整个淮河片。

表 6.1　　淮河片及各分段水资源基本资料

分　区	人口/万人	土地面积/万 km²	灌溉面积/万 hm²	耕地面积/万 hm²	供水量/亿 m³	需水量/亿 m³	利用水量/亿 m³	水资源总量/亿 m³
洪泽湖以上	8940.7	16.153	60.251	108.887	218.28	208.29	260.3522	509
淮河下游平原	1805.1	3.06	18.328	20.25	89.5	132.64	68.1327	95
沂沭泗河	4949.2	7.912	37.691	54.123	158.05	210.98	166.6523	231
淮河流域	15695	27.125	116.269	183.26	465.83	641.91	495.1372	835
山东半岛	3350.5	6.037	24.692	36.724	74.59	92.72	82.44	139
淮河片	1945.5	33.162	140.961	219.984	540.42	734.63	577.5772	974

注　资料数据主要来自淮河水利委员会 1996 年编制的《淮河片水中长期供水计划报告》。

2. 评价指标与分级标准

根据文献［13］对淮河片水资源影响因素的综合分析，并参照全国水资源供需分析中的指标体系，所选取的评价指标体系如下：

(1) 灌溉率 x_1：灌溉面积/耕地面积（%）。

(2) 水资源利用率 x_2：采用 75%代表年的水资源利用率（%）。

(3) 水资源的开发程度 x_3：采用 75%代表年的水资源开发程度（%）。

(4) 供水模数 x_4：75%代表年的供给量/土地面积（$10^4 m^3/km^2$）。

(5) 需水模数 x_5：75%代表年的需水量/土地面积（$10^4 m^3/km^2$）。

(6) 人均供水量 x_6：75%代表年的供给量/总人口（m^3/人）。

(7) 生态环境用水率 x_7：生态环境用水量/总水量（%）。

根据表 6.1 得到淮河片及各分段水资源系统的指标特征值，见表 6.2。上述水资源承载能力的 7 项指标的 3 级指标标准值采用目前水资源系统比较公认的标准，详见表 6.2。

如表 6.2 所列，1 级情况属较好，表示本流域水资源仍有较大的承载能力，其供给情况较为乐观；2 级表明本流域水资源开发利用已有相当的规模，但仍有一定的开发利用潜力，水资源的供给需求在一定程度上能满足其流域内的社会发展；3 级状况较差，表示水资源承载能力已接近其饱和值，进一步可开发利用程度小，发展下去将导致水资源短缺，制约社会经济的发展，这时应采取相应的对策。

表 6.2　　淮河片及各分段水资源指标特征值及其标准值

评价指标	评价区域						指标标准值		
	洪泽湖以上	淮河下游平原	沂沭泗河	淮河流域	山东半岛	淮河片	1 级	2 级	3 级
灌溉率/%	55.3	90.5	69.6	63.4	67.2	64.1	≤20	20～60	≥60
水资源利用率/%	51.1	71.7	72.1	59.3	59.3	59.3	≤50	50～75	≥75
水资源开发程度/%	42.9	94.2	68.4	55.8	53.7	55.5	≤30	30～70	≥70
供水量模数/(万 m³/km²)	13.5	29.2	20	17.2	12.4	16.3	≤1	1～15	≥15
需水量模数/(万 m³/km²)	12.9	43.3	26.7	23.7	15.4	22.2	≤1	1～15	≥15
人均供水量/(m³/人)	244.1	495.8	319.3	296.8	222.6	283.8	≥400	200～400	≤200
生态用水率/%	1	1	1	1	1	1	≥5	1～5	≤1

3. 综合评价计算过程

根据表6.2可得淮河片水资源承载能力的现状指标特征值与指标标准值矩阵：

$$\boldsymbol{X}=\begin{bmatrix} 53.3 & 90.5 & 69.6 & 63.4 & 67.2 & 64.1 \\ 51.1 & 71.7 & 72.1 & 59.3 & 59.3 & 59.3 \\ 42.9 & 94.2 & 68.4 & 55.8 & 53.7 & 55.5 \\ 13.5 & 29.2 & 20.0 & 17.2 & 12.4 & 16.3 \\ 12.9 & 43.3 & 26.7 & 23.7 & 15.4 & 22.2 \\ 244.1 & 495.8 & 319.3 & 296.8 & 222.6 & 283.8 \\ 1 & 1 & 1 & 1 & 1 & 1 \end{bmatrix}=(x_{ij})$$

$$\boldsymbol{Y}=\begin{bmatrix} 20 & 20\sim60 & 60 \\ 50 & 50\sim75 & 75 \\ 30 & 30\sim70 & 70 \\ 1 & 1\sim15 & 15 \\ 1 & 1\sim15 & 15 \\ 400 & 200\sim400 & 200 \\ 5 & 1\sim5 & 1 \end{bmatrix}=(y_{ih})$$

式中：i为指标号，$i=1,2,\cdots,7$；j为分段号，$j=1,2,\cdots,6$；h为级别编号，$h=1,2,3$。

参照指标标准值矩阵$\boldsymbol{Y}$和淮河流域的实际情况确定水资源承载能力可变集合的吸引（为主）域矩阵与范围域矩阵以及点值M_{ih}的矩阵分别为

$$\boldsymbol{I}_{ab}=\begin{bmatrix} [0,20] & [20,60] & [60,100] \\ [0,50] & [50,75] & [75,100] \\ [0,30] & [30,70] & [70,110] \\ [0,1] & [1,15] & [15,29] \\ [0,1] & [1,15] & [15,29] \\ [600,400] & [400,200] & [200,0] \\ [9,5] & [5,1] & [1,0] \end{bmatrix}$$

$$\boldsymbol{I}_{cd}=\begin{bmatrix} [0,60] & [0,100] & [20,100] \\ [0,75] & [0,100] & [50,100] \\ [0,70] & [0,110] & [30,100] \\ [0,15] & [0,29] & [1,29] \\ [0,15] & [0,29] & [1,29] \\ [600,200] & [600,0] & [400,0] \\ [9,1] & [9,0] & [5,0] \end{bmatrix}$$

$$
\boldsymbol{M}=\begin{bmatrix} 0 & 20 & 100 \\ 0 & 50 & 100 \\ 0 & 30 & 110 \\ 0 & 1 & 29 \\ 0 & 1 & 29 \\ 600 & 400 & 0 \\ 9 & 5 & 0 \end{bmatrix}
$$

根据矩阵 $\boldsymbol{I}_{ab}$、$\boldsymbol{I}_{cd}$ 与 $\boldsymbol{M}$ 判断样本特征值 x_{ij} 在 M_{ih} 点的左侧还是右侧，据此计算差异度，然后计算指标对 h 级的相对隶属度 $\mu_{\underset{\sim}{A}}(x_{ij})_h$。现以淮河流域（$j=4$）水资源承载能力指标对 2 级（$h=2$）的相对隶属度 $\mu_{\underset{\sim}{A}}(x_{i4})_2$ 为例对这一求解过程做一说明。

由矩阵 $\boldsymbol{X}$ 得 $j=4$ 的现状指标特征值 $x_4=(63.4，59.3，55.8，17.2，23.7，296.8，1)^{\mathrm{T}}$，再由吸引（为主）域矩阵 $\boldsymbol{I}_{ab}$、范围域矩阵 $\boldsymbol{I}_{cd}$ 和矩阵 $\boldsymbol{M}$ 得 $h=2$ 的吸引为主域向量、范围域向量与点值 $\boldsymbol{M}_{i2}$ 向量分别为

$$[a_2,b_2]=([20,60],[50,75],[30,70],[1,15],[1,15],[400,200],[5,1])^{\mathrm{T}}$$

$$[c_2,d_2]=([0,100],[0,100],[0,110],[0,29],[0,29],[600,0],[9,0])^{\mathrm{T}}$$

$$\boldsymbol{M}_{i2}=(20,50,30,1,1,400,5)^{\mathrm{T}}$$

当 $i=1$ 时，$x_{14}=63.4$，而 $c_{12}=0$，$a_{12}=20$，$b_{12}=60$，$d_{12}=100$，$M_{12}=20$，由此可判断 x_{14} 在 M_{12} 的右侧，且 $x_{14}\in[b_{12}，d_{12}]$，所以选用 $D_{\underset{\sim}{A}}(x_{14})_2=-(x_{14}-b_{12})^{\beta}/(d_{12}-b_{12})^{\beta}$。将 $\beta=1$ 及有关数据代入上式可得 $D_{\underset{\sim}{A}}(x_{14})_2=-0.085$，$\mu_{\underset{\sim}{A}}(x_{14})_2=0.458$。同理可得 $j=4$，$i=1,2,\cdots,7$ 对 2 级水资源承载能力的相对隶属度向量 $[u_2]_4=(0.485，0.814，0.678，0.421，0.189，0.742，0.5)^{\mathrm{T}}$。类似地可得到 $j=1,2,\cdots,6$ 对级别 $h=1,2,3$ 的指标相对隶属度矩阵分别为

$$
[\boldsymbol{U}_1]=\left[\begin{array}{c|c|c|c|c|c} 0.059 & 0 & 0 & 0 & 0 & 0 \\ 0.478 & 0.066 & 0.058 & 0.314 & 0.314 & 0.314 \\ 0.339 & 0 & 0.020 & 0.178 & 0.204 & 0.181 \\ 0.054 & 0 & 0 & 0 & 0.093 & 0 \\ 0.075 & 0 & 0 & 0 & 0 & 0 \\ 0.110 & 0.740 & 0.298 & 0.242 & 0.057 & 0.210 \\ 0 & 0 & 0 & 0. & 0 & 0 \end{array}\right]
$$

$$
[\boldsymbol{U}_2]=\left[\begin{array}{c|c|c|c|c|c} 0.559 & 0.119 & 0.380 & 0.458 & 0.410 & 0.449 \\ 0.978 & 0.566 & 0.558 & 0.814 & 0.814 & 0.814 \\ 0.839 & 0.198 & 0.520 & 0.678 & 0.704 & 0.681 \\ 0.554 & 0 & 0.321 & 0.421 & 0.593 & 0.454 \\ 0.575 & 0 & 0.082 & 0.189 & 0.486 & 0.243 \\ 0.610 & 0.261 & 0.798 & 0.742 & 0.557 & 0.710 \\ 0.5 & 0.5 & 0.5 & 0.5 & 0.5 & 0.5 \end{array}\right]
$$

$$[\boldsymbol{U}_3]=\begin{bmatrix} 0.441 & 0.881 & 0.620 & 0.543 & 0.590 & 0.551 \\ 0.022 & 0.434 & 0.442 & 0.186 & 0.186 & 0.186 \\ 0.161 & 0.803 & 0.480 & 0.323 & 0.296 & 0.319 \\ 0.446 & 1 & 0.679 & 0.579 & 0.407 & 0.546 \\ 0.425 & 1 & 0.918 & 0.811 & 0.514 & 0.757 \\ 0.390 & 0 & 0.202 & 0.258 & 0.444 & 0.291 \\ 0.5 & 0.5 & 0.5 & 0.5 & 0.5 & 0.5 \end{bmatrix}$$

为确定7项评价指标的权向量，应用指标重要性排序一致性定理，得到通过检验的7项指标重要性排序一致性标度矩阵 $\boldsymbol{F}$ 为：

按矩阵 $\boldsymbol{F}$ 关于重要性的排序，运用经验知识，以排序为1的指标 x_4 和 x_6 逐一地与排序为3、4、7的指标，做出关于重要性程度的二元比较判断如下。

指标 x_4（或 x_6）与指标 x_2 相比，处于“略为”与“较为”重要之间，指标 x_4（或 x_6）与指标 x_1、x_3、x_7 相比，处于“显著”与“十分”重要之间；指标 x_4（或 x_6）与指标 x_5 相比，处于“极端”与“无可比拟”重要之间。应用文献［14］中语气算子与相对隶属度之间的关系表可得7项评价指标的非归一化权向量为

$$\boldsymbol{w}'=(0.29,0.60,0.29,1,0.026,1,0.29)=(w_i')$$

则指标的归一化权向量为

$$\boldsymbol{w}=(0.083,0.172,0.083,0.286,0.007,0.286,0.083)=(w_i)$$

$$\boldsymbol{F}=\begin{bmatrix} 0.5 & 0 & 0.5 & 0 & 1 & 0 & 0.5 \\ 1 & 0.5 & 1 & 0 & 1 & 0 & 1 \\ 0.5 & 0 & 0.5 & 0 & 1 & 0 & 0.5 \\ 1 & 1 & 1 & 0.5 & 1 & 0.5 & 1 \\ 0 & 0 & 0 & 0 & 0.5 & 0 & 0 \\ 1 & 1 & 1 & 0.5 & 1 & 0.5 & 1 \\ 0.5 & 0 & 0.5 & 0 & 1 & 0 & 0.5 \end{bmatrix}\quad \begin{matrix} \text{排序} \\ 4 \\ 3 \\ 4 \\ 1 \\ 7 \\ 1 \\ 4 \end{matrix}$$

应用可变模糊评价模型求解淮河片及各分段对各个级别水资源承载能力的相对隶属度。现亦以淮河流域（$j=4$）为例对该求解过程作一说明。由矩阵［$\boldsymbol{u}_2$］得 $j=4$ 的指标相对隶属度向量为

$$[\boldsymbol{u}_2]_4=(0.458,0.814,0.678,0.421,0.189,0.742,0.5)^{\mathrm{T}}$$

取距离参数 $p=1$，模型优化准则参数 $\alpha=2$，当 $j=4$、$h=2$ 时，可变模糊评价模型可表示为

$$ {}_4u'_2=\frac{1}{1+\left\{\dfrac{\sum\limits_{i=1}^{7}\{w_i[1-\mu_{\underset{\sim}{A}}(x_{i4})_2]\}}{\sum\limits_{i=1}^{7}[w_i\mu_{\underset{\sim}{A}}(x_{i4})_2]}\right\}^2}$$

将向量［u_2］$_4$、$\boldsymbol{w}$ 代入上式得 ${}_4u'_2=0.709$，同理，可得到，$h=1$，2，3时水资源承

载能力的相对隶属度向量：

$$_4\boldsymbol{u}'=(0.025,0.709,0.291)^{\mathrm{T}}$$

对 $j=1$，2，3，5，6 进行类似的求解计算，得到淮河片及各分段水资源承载能力的非归一化相对隶属度矩阵：

$$\boldsymbol{U}'=\left[\begin{array}{c|c|c|c|c|c} 0.036 & 0.076 & 0.011 & 0.025 & 0.016 & 0.021 \\ 0.794 & 0.090 & 0.566 & 0.709 & 0.703 & 0.709 \\ 0.206 & 0.597 & 0.434 & 0.291 & 0.297 & 0.291 \end{array}\right]$$

将矩阵 $\boldsymbol{U}'$ 归一化得到相对隶属度矩阵：

$$\boldsymbol{U}'=\left[\begin{array}{c|c|c|c|c|c} 0.035 & 0.100 & 0.011 & 0.024 & 0.016 & 0.021 \\ 0.766 & 0.118 & 0.560 & 0.692 & 0.692 & 0.694 \\ 0.199 & 0.782 & 0.429 & 0.284 & 0.292 & 0.285 \end{array}\right]$$

得到淮河片及各分段水资源承载能力的级别特征值向量为

$$\boldsymbol{H}=(1,2,3)*\left[\begin{array}{c|c|c|c|c|c} 0.035 & 0.100 & 0.011 & 0.024 & 0.016 & 0.021 \\ 0.766 & 0.118 & 0.560 & 0.692 & 0.692 & 0.694 \\ 0.199 & 0.782 & 0.429 & 0.284 & 0.292 & 0.285 \end{array}\right]$$

$$=(2.164,2.683,2.418,2.259,2.276,2.264)$$

由此得到淮河片及各分段水资源承载能力的评价结果列于表 6.3。

采用文献［13］给出的权重：

$$\boldsymbol{w}=(0.1,0.2,0.1,0.2,0.1,0.2,0.1)=(w_i)$$

应用可变模糊模型进行重新计算，所得评价结果见表 6.3。

表 6.3　　权重变化后评价结果对比

分区	级别特征值		稳定范围	评价等级
	本节权重	文献中的权重		
洪泽湖以上	2.164	2.138	2.138～2.164	2
淮河下游平原	2.683	2.798	2.683～2.798	2～3
沂沭河	2.418	2.523	2.418～2.523	2
淮河流域	2.259	2.320	2.259～2.320	2
山东半岛	2.276	2.314	2.276～2.314	2
淮河片	2.264	2.283	2.264～2.283	2

由表 6.3 可看出，权重变化后级别特征值稳定在一定范围内，说明本节提出的可变模糊评价模型受人为干扰性小，评价结果更为合理、客观。

采用本节给出的权重、可变模型及其参数，得到的评价结果详见表 6.4。

4. 综合评价结果分析

以往的评价方法基本上是选用一套权重和一个模型对样本进行评价，往往不能确保最后结果的准确性，而可变模糊方法可同时采用几套权重（本研究为 2 套）或在基本模型的基础上通过变换参数（α 与 p）变化模型（本研究为 4 个模型，包括 1 个线性，3 个非线性）进行评价，对多个评价结果进行比较分析，将稳定结果作为最后结果，以此提高评价

表 6.4 水资源承载能力评价结果

分区	级别特征值				稳定范围	评价等级
	$\alpha=1,\ p=1$	$\alpha=1,\ p=2$	$\alpha=2,\ p=1$	$\alpha=2,\ p=2$		
洪泽湖以上	2.175	2.152	2.164	2.195	2.152～2.195	2
淮河下游平原	2.322	2.124	2.683	2.302	2.124～2.683	2～3
沂沭河	2.337	2.242	2.418	2.358	2.242～2.418	2
淮河流域	2.222	2.186	2.259	2.251	2.186～2.259	2
山东半岛	2.252	2.233	2.276	2.277	2.233～2.277	2
淮河片	2.232	2.198	2.264	2.256	2.198～2.264	2

结果的可信度。分析表 6.4 中的结果可知，模型及参数变化后，各评价区域水资源承载能力的级别特征值基本稳定在一个较小的级别范围内，表明本节所得评价结果可信度高。根据表 6.4 最终分析得出的评价结果可知，洪泽湖以上、沂沭泗河、淮河流域、山东半岛和淮河片的水资源承载能力综合评价为 2 级，水资源开发利用已有相当的规模，但仍有一定的开发潜力，水资源的供给需求在一定程度上能满足其社会发展。淮河下游平原水资源承载能力综合评价在 2～3 级之间，说明该段水资源开发利用状况更多地具有饱和阶段的特征，开发潜力相对较小，在经济发展中必须重视水资源的合理开发利用。

6.4 模糊可变评价方法在水质评价中的应用

以模糊可变集合为核心的可变模糊集理论是模糊水文水资源学的数学基础，水环境污染是模糊概念，水环境质量评价是模糊水文水资源学的重要内容。本节论述水质综合评价模糊可变集合方法。它是在已经获取某些水环境质量指标值的基础上，通过所建立的数学模型，对某水体的质量等级进行综合评判。它为水体的污染防治和开发利用提供了科学依据，是国民经济可持续发展的重要工作之一。

水环境质量是一个关系复杂、动态多变的体系，存在着大量不确定性因素，具有明显的模糊性，采用精确数学方法来研究这一模糊问题，显然存在着较大的困难。而模糊可变集合综合评价能有效地考虑评价标准区间值对评价结果的影响，建立水质综合评判模型，进而实现对水环境的综合评价。

随着社会经济的发展，北京市的水环境日趋恶化，严重妨碍了社会经济的可持续发展。北京市有永定河、潮白河、北运河、大清河及蓟运河 5 条河流。对 5 条河流的水质进行综合评价是十分必要的，现以北京市永定河的水质评价为例，说明模糊可变集合方法在该方面的应用。

评价指标是根据 GHZB 1—99《地面水环境质量标准》及主要影响这 5 条河流的水质指标而设置的，共设置了 9 个评价指标：溶解氧（DO）x_1、生化需氧量（BOD_5）x_2、生化耗氧量（COD_{Cr}）x_3、氨氮 x_4、酚 x_5、氰 x_6、砷 x_7、铬 x_8 和氟化物 x_9。根据 GHZB 1—99 评价标准，一般将河流水质分为 5 个等级，即Ⅰ类、Ⅱ类、Ⅲ类、Ⅳ类、Ⅴ类，见表 6.5。实测永定河水质 9 项指标值见表 6.6。

表 6.5 **水环境质量评价标准** 单位：mg/L

水质指标	水质等级				
	Ⅰ类	Ⅱ类	Ⅲ类	Ⅳ类	Ⅴ类
x_1	20～8	8～6	6～5	5～3	3～2
x_2	0～3	3	3～4	4～6	6～10
x_3	0～15	15	15～20	20～30	30～40
x_4	0～0.5	0.5	0.5～1.0	1.0～2.0	2.0
x_5	0～0.002	0.002	0.002～0.005	0.005～0.01	0.01
x_6	0～0.005	0.005～0.05	0.05～0.5	0.2	0.2
x_7	0～0.05	0.05	0.05～0.2	0.2	0.2
x_8	0～0.01	0.01～0.05	0.05	0.05	0.05～0.1
x_9	0～1.0	1.0	1.0	1.0～1.5	1.5

表 6.6 **永定河各项评定指标实测值** 单位：mg/L

x_1	x_2	x_3	x_4	x_5	x_6	x_7	x_8	x_9
9.3	4.12	3.22	0.47	0.0003	0.0003	0.001	0.007	0.96

根据表 6.5 可以构造模糊可变集合评价的各项参数（a，b，c，d，M）取值矩阵：

$$
\boldsymbol{I}_{ab}=\begin{bmatrix}
[20,8] & [8,6] & [6,5] & [5,3] & [3,2] \\
[0,3] & [3,3] & [3,4] & [4,6] & [6,10] \\
[0,15] & [15,15] & [15,20] & [20,30] & [30,40] \\
[0,0.5] & [0.5,0.5] & [0.5,1] & [1,2] & [2,2] \\
[0,0.002] & [0.002,0.002] & [0.002,0.005] & [0.005,0.001] & [0.01,0.01] \\
[0,0.005] & [0.005,0.05] & [0.05,0.2] & [0.2,0.2] & [0.2,0.2] \\
[0,0.05] & [0.05,0.05] & [0.05,2] & [0.2,0.2] & [0.2,0.2] \\
[0,0.01] & [0.01,0.05] & [0.05,0.05] & [0.05,0.05] & [0.05,0.1] \\
[0,1] & [1,1] & [1,1] & [1,1.5] & [1.5,1.5]
\end{bmatrix}=(|a,b|_{ih})
$$

$$
\boldsymbol{I}_{cd}=\begin{bmatrix}
[20,6] & [20,5] & [8,3] & [6,2] & [5,2] \\
[0,3] & [0,4] & [3,6] & [3,10] & [4,10] \\
[0,15] & [0,20] & [15,30] & [14,40] & [20,40] \\
[0,0.5] & [0,1] & [0.5,2] & [0.5,2] & [1,2] \\
[0,0.002] & [0,0.005] & [0.002,0.001] & [0.002,0.001] & [0.005,0.01] \\
[0,0.05] & [0,0.2] & [0.005,0.2] & [0.05,0.2] & [0.2,0.2] \\
[0,0.05] & [0,0.2] & [0.05,2] & [0.05,0.2] & [0.2,0.2] \\
[0,0.05] & [0,0.05] & [0.01,0.05] & [0.05,0.1] & [0.05,0.1] \\
[0,1] & [0,1] & [1,1.5] & [1,1.5] & [1,1.5]
\end{bmatrix}=(|c,d|_{ih})
$$

$$
\boldsymbol{M}=\begin{bmatrix}
20 & 8 & 5.5 & 3 & 2 \\
0 & 3 & 3.5 & 6 & 10 \\
0 & 15 & 17.5 & 30 & 40 \\
0 & 0.5 & 0.75 & 2.0 & 2.0 \\
0 & 0.002 & 0.0035 & 0.01 & 0.01 \\
0 & 0.005 & 0.125 & 0.2 & 0.2 \\
0 & 0.05 & 0.125 & 0.2 & 0.2 \\
0 & 0.01 & 0.05 & 0.05 & 0.1 \\
0 & 1.0 & 1.0 & 1.5 & 1.5
\end{bmatrix}=(M_{ih})
$$

其中：$i=1,2,\cdots,9$；$h=1,2,\cdots,5$。

根据矩阵 $\boldsymbol{I}_{ab}$、$\boldsymbol{I}_{cd}$ 与 $\boldsymbol{M}$ 的判断评价指标 x 落入点 M 的左侧还是右侧，据此选用式（6.21）或式（6.22），以计算指标对等级标准的差异函数 $D_{\underset{\sim}{A}}(u)_{ih}$，其中 $h=1,2,3,4,5$ 为等级数，$i=1,2,\cdots,9$ 为指标数，以 $i=1$、$h=1$ 为例予以说明。

由表 6.6，对于溶解氧（DO）x_1，由吸引（为主）矩阵 $\boldsymbol{I}_{ab}$，范围域矩阵 $\boldsymbol{I}_{cd}$ 和点值矩阵 $\boldsymbol{M}$，得 $i=1$ 的吸引域向量、范围域与点值 M 向量分别为

$$[a,b]_{ih}=([20,8],[8,6],[6,5],[5,3],[3,2])$$

$$[c,d]_{11}=[20,6]$$

$$M_{1h}=(20,8,5.5,3,2)$$

当 $h=1$ 时，溶解氧（DO）$x_1=9.30$，而 $c_{11}=20$，$a_{11}=20$，$b_{11}=8$，$d_{11}=6$，$M_{11}=20$，由此可判断出溶解氧（DO）值 9.30 落在 M_{11} 的右侧，且属于区间 $[M_{11},b_{11}]$，所以选用式（6.22）中的 $D_{\underset{\sim}{A}}(u)_{11}=(x_{11}-b_{11})^{\beta}/(M_{11}-b_{11})^{\beta}$。将 $\beta=1$ 及有关数据代入该式可得 $D_{\underset{\sim}{A}}(u)_{11}=0.1083$，由式（6.23）得 $\mu_{\underset{\sim}{A}}(u)_{11}=0.554$。类似地可得到 $i=1,2,\cdots,9$ 对级别 $h=1,2,3,4,5$ 的指标相对隶属度矩阵为

$$
\boldsymbol{\mu}_{\underset{\sim}{A}}(\boldsymbol{u})_{ih9\times5}=\begin{bmatrix}
0.554 & 0.446 & 0 & 0 & 0 \\
0 & 0 & 0.470 & 0.530 & 0.030 \\
0.893 & 0.107 & 0 & 0 & 0 \\
0.530 & 0.470 & 0 & 0 & 0 \\
0.925 & 0.075 & 0 & 0 & 0 \\
0.970 & 0.030 & 0 & 0 & 0 \\
0.990 & 0.010 & 0 & 0 & 0 \\
0.650 & 0.350 & 0 & 0 & 0 \\
0.520 & 0.480 & 0 & 0 & 0
\end{bmatrix}
$$

为了得到各指标的综合相对隶属度，根据式（6.25）得到模糊可变评价模型：

$$
\nu_{\underset{\sim}{A}}(u)_h=\frac{1}{1+\left(\dfrac{\sum\limits_{i=1}^{m}\{w_i[1-\mu_{\underset{\sim}{A}}(u)_{ih}]\}^p}{\sum\limits_{i=1}^{m}[w_i\mu_{\underset{\sim}{A}}(u)_{ih}]^p}\right)^{\frac{\alpha}{p}}} \tag{6.30}
$$

式中：w_i 为指标权重；m 为评价指标数 α 为模型优化准则参数，$\alpha=1$ 为最小一乘方准则，$\alpha=2$ 为最小二乘方准则；p 为距离参数，$p=1$ 为海明距离，$p=2$ 为欧氏距离。

由公式（6.30），可得水质评价各指标综合相对隶属度，再将其归一化，即可得到归一化的各指标综合相对隶属度值。

为确定 9 个指标相对于 5 个级别的权值，根据给出的确定指标重要性排序一致性定理，经认真考虑及结合工程实践，得到通过检验的 9 个指标重要性排序一致性标度矩阵：

$$
\boldsymbol{F}=\begin{pmatrix}
0.5 & 1 & 1 & 0 & 0 & 0 & 0 & 1 & 1 \\
0 & 0.5 & 0 & 0 & 0 & 0 & 0 & 1 & 1 \\
0 & 1 & 0.5 & 0 & 0 & 1 & 1 & 1 & 1 \\
1 & 1 & 1 & 0.5 & 0 & 1 & 0 & 1 & 1 \\
1 & 1 & 1 & 1 & 0.5 & 1 & 1 & 1 & 1 \\
1 & 1 & 0 & 0 & 0 & 0.5 & 1 & 1 & 1 \\
1 & 1 & 0 & 1 & 0 & 0 & 0.5 & 1 & 0 \\
0 & 0 & 0 & 0 & 0 & 0 & 0 & 0.5 & 0 \\
0 & 0 & 0 & 0 & 0 & 0 & 1 & 1 & 0.5
\end{pmatrix}
\quad
\begin{matrix}
\text{排序} \\ (5) \\ (7) \\ (3) \\ (2) \\ (1) \\ (3) \\ (5) \\ (9) \\ (7)
\end{matrix}
$$

按矩阵 $\boldsymbol{F}$ 关于重要性的排序，运用经验知识，以排序为（1）的指标（酚）逐一地与排序为（2）、（3）、（5）、（7）、（9）的指标做关于重要性程度的二元比较判断如下。

排序为（1）的指标酚与排序为（2）的指标氨氮相比，处于“稍稍”与“同样”重要之间；与排序为（3）的指标生化耗氧量和氰相比，处于“稍稍”重要；与排序为（5）的指标溶解氧和砷相比，外于“稍稍”与“略为”重要之间；与排序为（7）的指标生化需氧量和氟化物相比，处于“略为”重要；与排序为（9）的指标铬相比，处于“略为”与“较为”重要之间。

由语气算子与相对隶属度之间的关系表可得 9 项评价指标的权向量为

$$\boldsymbol{w}'=(0.739,0.667,0.818,0.905,1.00,0.818,0.739,0.600,0.667)=(w_i')$$

则指标的归一化权向量为

$$\boldsymbol{w}=(0.106,0.096,0.118,0.130,0.144,0.118,0.106,0.086,0.096)=(w_i)$$

此时就可应用模糊可变评价模型式（6.30）计算水质评价各指标综合相对隶属度，取模型优化准则参数 $\alpha=1$，距离参数 $p=1$，将相关数值代入模型式（6.30），解得综合相对隶属度为

$$\boldsymbol{u}_h'=(0.691,0.213,0.045,0.051,0.003)$$

归一化后得

$$\boldsymbol{u}_h=(0.689,0.212,0.045,0.051,0.003)$$

应用级别特征值公式，得到水质评价的级别特征值为

$$H=(1\quad 2\quad 3\quad 4\quad 5)\cdot(0.689,0.212,0.045,0.051,0.003)^{\mathrm{T}}=1.467$$

现在设模型不变，考虑指标权重不同的两种可变状态：

（1）等权重，其相应的水质评价级别特征值 $H=1.511$。

(2) 文献 [15] 的指标权重，对应的 $H=1.326$。可见在指标权重变动情况下，H 值变化不大，取三者的平均值 $\overline{H}=1.435$，则北京永定河的水质等级属于Ⅰ类水，略偏于Ⅱ类，可用于集中式生活饮用水水源地一级保护区、珍贵鱼类保护区和鱼虾产卵场，评价结果与文献 [15] 略有不同。下面列出文献 [15] 综合相对隶属度向量

$$\boldsymbol{u}_h=(0.7568,0,0.2286,0.0146,0)$$

与评价相对位置 $B^*=1.168$（属于Ⅰ类）。

文献 [16] 用可拓工程方法对永定河水质进行评价，得到综合关联度向量为

$$\boldsymbol{K}_h(\boldsymbol{p})=(0.4362,0.2814,0.2868,-0.3612,-0.4647)$$

按文献 [17] 最大关联度评价准则，$K_1(p)=\max K_h(p)=0.4362$，评为Ⅰ类水。由于：①关联函数基本公式的错误（无论对递增系列 $c<a<b<d$，还是递减系列 $c>a>b>d$）；②最大关联度评定准则的逻辑错误，可拓学评价结果已失去科学性，故不做比较。

6.5 模糊可变评价方法在农业旱灾脆弱性评估中的应用

6.5.1 概述

中国是农业大国，农业旱灾是农业生产的重大威胁。根据国家防汛抗旱总指挥部的统计，1979—2008年间，中国平均每年农作物因旱受灾面积 2.56×10^3 万 hm^2，成灾 10.29×10^3 万 hm^2，因旱造成粮食损失 244.6 亿 kg，约占全年粮食总产量的 5.7%。Wisner 等[18]指出灾害是致灾因子和承灾体脆弱性共同作用的结果，并且致灾因子是灾害形成的必要条件，脆弱性是灾害形成的根源，在同一致灾强度下，灾情随脆弱性的增强而加重。所以，在目前耕地面积面临减少，粮食单产已达相当高水平的情况下，要减缓农业干旱灾害损失，必须开展承灾体脆弱性评估研究，它是干旱影响评价和政策形成的中间过程，通过对脆弱性因素的潜在分析，可以制定相应抗旱减灾政策，有效地规避干旱的发生，对减少因旱灾造成的粮食损失的数量，确保中国粮食安全和其他农产品供给，促进经济、社会可持续发展具有重要意义。

6.5.2 农业旱灾脆弱性定量评估的可变模糊分析方法

根据可变模糊集合理论，本节提出农业旱灾脆弱性定量评估的多指标多级别的可变模糊分析方法，其基本原理如下。

设需对农业干旱脆弱性进行定量评估的有 n 个样本集合 $\{x_1,x_2,\cdots,x_n\}$，对每个指标按 m 个指标特征值进行定量评估，则待评样本的特征值矩阵可表示为

$$\boldsymbol{X}=\begin{bmatrix} x_{11} & x_{12} & \cdots & x_{1n} \\ x_{21} & x_{22} & \cdots & x_{2n} \\ \vdots & \vdots & & \vdots \\ x_{m1} & x_{m1} & \cdots & x_{mn} \end{bmatrix} \tag{6.31}$$

设样本有 c 个级别的指标标准值区间，则 m 个指标 c 个级别的已知指标标准区间矩阵可表示为

$$
\boldsymbol{I}_{ab}=\begin{bmatrix} [a_{11},b_{11}] & [a_{12},b_{12}] & \cdots & [a_{1c},b_{1c}] \\ [a_{21},b_{21}] & [a_{22},b_{22}] & \cdots & [a_{2c},b_{2c}] \\ \vdots & \vdots & \ddots & \vdots \\ [a_{m1},b_{m1}] & [a_{m2},b_{m2}] & \cdots & [a_{mc},b_{mc}] \end{bmatrix}=([a_{ih},b_{ih}]) \tag{6.32}
$$

其中：$i=1,2,\cdots,m$；$h=1,2,\cdots,c$。

设定 1 级强于 2 级，2 级强于 3 级，c 级最弱。

在实际脆弱性定量分析中指标标准值区间 $[a_{ih},\ b_{ih}]$ 有两种情况：①$a_{ih}>b_{ih}$，称递减系列，其指标特征值越大，脆弱性越强；②$a_{ih}<b_{ih}$，称递增系列，其指标特征值越小，脆弱性越强。

根据矩阵 $\boldsymbol{I}_{ab}$，按实际情况与物理分析确定吸引域区间 $[a_{ih},\ b_{ih}]$ 中相当隶属度等于 1，即 $\mu_{\underset{\sim}{A}}(x_{ij})_h=1$ 的点值矩阵 M_{ih}。当 M_{ih} 为线性变化时，则 M_{ih} 的点值通用模型为

$$
M_{ih}=\frac{c-h}{c-1}a_{ih}+\frac{h-1}{c-1}b_{ih} \tag{6.33}
$$

式（6.33）满足下面三个边界条件：①当 $h=1$ 时，$M_{i1}=a_{i1}$；②当 $h=c$ 时，$M_{ic}=a_{ic}$；③当 $h=l=\frac{c+1}{2}$时，$M_{il}=\frac{a_{il}+b_{il}}{2}$，且对递减指标（$a>b$，越大越优）、递增指标（$a<b$，越小越优）均可适用。

将待分析样本指标的特征值 x_{ij} 与级别 h 指标 i 的相对隶属度等于 1 的值 M_{ih} 进行比较，如果 x_{ij} 落在 M_{ih} 值的左侧，对递增系列，$x_{ij}<M_{ih}$，对递减系列，$x_{ij}>M_{ih}$，其相对隶属模型可表示如下：

当 x_i 落在 M_{ih} 左侧时：

$$
\mu_{\underset{\sim}{A}}(x_i)_h=0.5\left[1+\frac{x_i-a_{ih}}{M_{ih}-a_{ih}}\right],\quad x_i\in[a_{ih},M_{ih}] \tag{6.34}
$$

$$
\mu_{\underset{\sim}{A}}(x_i)_h=0.5\left[1-\frac{x_i-a_{ih}}{M_{i(h-1)}-a_{ih}}\right],\quad x_i\in[M_{i(h-1)},a_{ih}] \tag{6.35}
$$

当 x_i 落在 M_{ih} 右侧时：

$$
\mu_{\underset{\sim}{A}}(x_i)_h=0.5\left[1+\frac{x_i-b_{ih}}{M_{ih}-b_{ih}}\right],\quad x_i\in[M_{ih},b_{ih}] \tag{6.36}
$$

$$
\mu_{\underset{\sim}{A}}(x_i)_h=0.5\left[1-\frac{x_i-b_{ih}}{M_{i(h+1)}-b_{ih}}\right],\quad x_i\in[b_{ih},M_{i(h+1)}] \tag{6.37}
$$

其中：$h=1,2,\cdots,c$。

根据提出的可变模糊模型，可以计算样本 j 对级别的综合相对隶属度为

$$
\mu'_{(j)h}=\frac{1}{1+\left(\dfrac{\sum_{i=1}^{m}\{w_i[1-\mu_{\underset{\sim}{A}}(x_i)_{ih}]\}^p}{\sum_{i=1}^{m}[w_i\mu_{\underset{\sim}{A}}(x_i)_{ih}]^p}\right)^{\frac{\alpha}{p}}} \tag{6.38}
$$

式中：w_i 为指标权重；m 为分析指标特征参数；α 为模型优化准则参数，$\alpha=1$ 为最小一

乘方准则，$\alpha=2$ 为最小二乘方准则；p 为距离参数，$p=1$ 为海明距离，$p=2$ 为欧式距离。

根据式（6.38）可计算出非归一化的综合相对隶属度矩阵为

$$\boldsymbol{U}'=[\mu'_{(j)h}] \tag{6.39}$$

归一化后，可得到综合相对隶属度矩阵为

$$\boldsymbol{U}=[\mu_{(j)h}] \tag{6.40}$$

其中
$$\mu_{(j)h}=\mu'_{(j)h}\Big/\sum_{h=1}^{c}\mu'_{h}$$

根据级别特征值公式，可计算样本旱灾脆弱性的级别特征值向量为

$$\boldsymbol{H}=(1,2,\cdots,c)\cdot \boldsymbol{U} \tag{6.41}$$

根据 $\boldsymbol{H}$ 可对样本进行综合定量分析。

6.5.3 实例

1. 研究区域

衡阳市位于湖南省中部，属于湘江水系，全区地表水 $5.28\times10^{10}\,m^3$，但 82.4%的地表水是客水，其控制率仅为 20%左右，如果不计客水，该区为湖南省地表水的低值区之一，同时地下水也十分贫乏。该区河流以雨水补给为主，7—9 月降水量减少，此时农业用水量却激增，所以常引起一些河流水量不足，是湖南省旱灾最严重的地带。但该区又是湖南省重要的农业生产基地之一，干旱严重制约了衡阳市农业经济的可持续发展。因此，其脆弱性评估研究对促进衡阳市农业发展具有重要意义。

2. 评估分析指标

根据对衡阳市农业旱灾脆弱性的分析[19]，选取 7 个定量分析指标为：水田密度 x_1（$10^2\,m^2/hm^2$）、人口密度 x_2（人/km^2）、7—9 月蒸发量 x_3(mm)、人均收入 x_4(元)、水池水塘密度 x_5（$10^3\,m^3/hm^2$）、7—9 月降水量 x_6(mm)、森林覆盖率 x_7(%)，其相关数据列于表 6.7。

表 6.7　衡阳市农业旱灾脆弱性评估指标

评价指标	耒阳	常宁	衡阳	衡南	衡山	祁东	衡东
水田密度/($10^2\,m^2/hm^2$)	14.6	16.1	19.9	20.9	17.3	17.3	15.4
人口密度/(人/km^2)	455	407	435	377	424	484	338
蒸发量/mm	554.1	541.9	486.5	492.6	554.2	615.8	529.6
人均收入/元	3637	3927	3325	3912	3894	3762	4660
水塘密度/($10^3\,m^3/hm^2$)	2.56	1.29	1.94	1.54	1.65	1.69	1.63
降水量/mm	233.6	292.2	275.9	285.0	282.8	324.7	233.6
森林覆盖率/%	48.9	49.5	42.7	29.4	44.4	35.7	51.2

3. 评估指标的分级

通过分析各种因素对农业旱灾脆弱性的影响，结论分析如下：x_1、x_2、x_3 越大，脆弱性就越强，干旱灾害发生的可能性就越大；x_4、x_5、x_6、x_7 对干旱脆弱性的影响正好相反，即其值越大脆弱性就越弱。各评估指标分级的临界值目前没有统一的标准，如许多研究证明当森林覆盖率小于 30%时，难以维持自然界生态平衡，极易出现气候干旱；或根据全省各县指标因素值的聚类分布特征，采用内插等分处理，则得到的各参评因素的等级界限值见表 6.8。

表 6.8　　农业旱灾脆弱性评估指标及分级标准

评价指标	1 级	2 级	3 级	4 级	5 级
水田密度/($10^2 m^2/hm^2$)	22～20	20～18	18～16	16～14	14～0
人口密度/(人/km^2)	530～480	480～430	430～380	380～330	330～280
蒸发量（7—9 月）/mm	650～610	610～570	570～530	530～490	490～450
人均收入/元	3300～3640	3640～3980	3980～4320	4320～4660	4660～5000
水库水塘密度/($10^3 m^3/hm^2$)	0～1.3	1.3～1.7	1.7～2.1	2.1～2.5	2.5～2.9
降水量（7—9 月）/mm	200～235	235～260	260～285	285～310	310～335
森林覆盖率/%	10～30	30～40	40～50	50～60	60～70

4. 综合隶属度的计算

根据表 6.7、表 6.8 可得衡阳市农业旱灾脆弱性评估指标特征值矩阵和分级评估指标标准值区间矩阵为

$$\boldsymbol{X}=\begin{bmatrix} 14.6 & 16.1 & 19.9 & 20.9 & 17.3 & 17.3 & 15.4 \\ 455 & 407 & 435 & 377 & 424 & 484 & 338 \\ 554.1 & 541.9 & 486.5 & 492.6 & 554.2 & 615.8 & 529.6 \\ 3637 & 3927 & 3325 & 3912 & 3894 & 3762 & 4660 \\ 2.56 & 1.29 & 1.94 & 1.54 & 1.65 & 1.69 & 1.63 \\ 233.6 & 292.2 & 275.9 & 285.0 & 282.8 & 324.7 & 233.6 \\ 48.9 & 49.5 & 42.7 & 29.4 & 44.4 & 35.7 & 51.2 \end{bmatrix}$$

$$\boldsymbol{I}_{ab}=\begin{bmatrix} [22,20] & [20,18] & [18,16] & [16,14] & [14,0] \\ [530,480] & [480,430] & [430,380] & [380,330] & [330,280] \\ [650,610] & [610,570] & [570,530] & [530,490] & [490,450] \\ [3300,3640] & [3640,3980] & [3980,4320] & [4320,4660] & [4660,5000] \\ [0,1.3] & [1.3,1.7] & [1.7,2.1] & [2.1,2.5] & [2.5,2.9] \\ [200,235] & [235,260] & [260,285] & [285,310] & [310,335] \\ [10,30] & [30,40] & [40,50] & [50,60] & [60,70] \end{bmatrix}$$

以耒阳指标 1，即 $x_{11}=14.6$ 为例，由表 6.8 可知，x_{11}落入 4 级标准区间 [16，14]，

$h=4$，$c=5$，根据式（6.33）得 $M_{14}=14.5$。因 x_{11} 在 M_{14} 的左侧，且在 $a_{14}=16$ 的右侧，所以应用式（6.34）进行计算得 $\mu_{\underset{\sim}{A}}(x_{11})_4=0.5\times\left[1+\dfrac{14.6-16}{14.5-16}\right]=0.9667$，即为 x_{11} 对 4 级的相对隶属度，然后求 x_{11} 对 3 级的相对隶属度，此时 $h=3$，根据式（6.33）得 $M_{13}=17$。因 x_{11} 在 M_{13} 的右侧，且在 b_{13} 和 M_{14} 之间，所以应用式（6.37）进行计算，得 $\mu_{\underset{\sim}{A}}(x_{11})_3=0.5\times\left[1-\dfrac{14.6-16}{14.5-16}\right]=0.0333$，即为 x_{11} 对 3 级的相对隶属度。如此也可以判断出 x_{11} 对其他级别的相对隶属度均为 0。至此可以得出 x_{11} 隶属于级别 $h(h=1,2,3,4,5)$ 的相对隶属度为 $\mu_{\underset{\sim}{A}}(x_{11})=(0,0,0.0333,0.9667,0)$。类似可得到耒阳旱灾脆弱性指标 $i(i=1,2,3,4,5,6,7)$ 对级别 $h(h=1,2,3,4,5)$ 的相对隶属度矩阵为

$$\boldsymbol{\mu}_{\underset{\sim}{A}}(\text{耒阳})=\begin{bmatrix}0 & 0 & 0.0333 & 0.9667 & 0\\0 & 0.8333 & 0.1667 & 0 & 0\\0 & 0.1025 & 0.8975 & 0 & 0\\0.5044 & 0.4956 & 0 & 0 & 0\\0 & 0 & 0 & 0.4250 & 0.5750\\0.5200 & 0.4800 & 0 & 0 & 0\\0 & 0 & 0.6100 & 0.3900 & 0\end{bmatrix}$$

为了与文献［19］进行对比分析，采用文献［19］的指标权重向量。

$$\boldsymbol{w}=(0.06,0.17,0.21,0.02,0.20,0.24,0.10)$$

应用可变模糊模型，可求得耒阳对级别 $h(h=1,2,3,4,5)$ 的 4 种组合的综合相对隶属度，并进行归一化，同理也可求出其他 6 个县的 4 种组合的综合相对隶属度，并进行归一化，其结果见表 6.9。根据级别特征值公式（6.41），可计算样本旱灾脆弱性的级别特征值，见表 6.10。

5. 结果分析与比较

等级判断标准为：$H<1.67$ 为 1 级，$1.67\leqslant H<2.50$ 为 2 级，$2.50\leqslant H<3.50$ 为 3 级，$3.50\leqslant H<4.50$ 为 4 级，$H\geqslant4.50$ 为 5 级。衡阳市农业旱灾脆弱性的级别全为 3 级，但衡阳市农业旱灾脆弱性在地区上存在一定的差异，以衡南县的农业干旱灾害的脆弱性最大，其级别特征值为 3.1710，衡阳次之，为 3.1560，祁东最小，为 2.6678，其强弱的排序为衡南、衡阳、常宁、衡东、衡山、耒阳、祁东。在文献［19］的研究中农业干旱灾害的脆弱性最大的为衡南县，衡阳县次之，与本节的研究结果完全一致；最小的为常宁，其排序为衡南、衡阳、衡山、耒阳、衡东、祁东、常宁，与本节研究结果有些差别。结合表 6.7 以常宁、衡东为例进行分析。前 3 个指标越大，脆弱性就越强，后 4 个指标越小，脆弱性就越强。常宁的前 3 个指标是大于衡东的，后 4 个指标中仅有指标 6 大于衡东，因此常宁的干旱脆弱性应强于衡东，这与本节的定量分析结果一致。与文献［19］中的数理模型相比，克服了其只能给出排序，无法给出等级的不足，与文献［19］中投影寻踪技术相比，克服了其只能进行各区域的比较，而不能直接判定其脆弱度的不足。由此也表明本节的分析结果更与实际情况相符合。

表 6.9　4 种模型参数组合的综合相对隶属度

样本	$\alpha=1, p=1$					$\alpha=1, p=2$					$\alpha=2, p=1$					$\alpha=2, p=2$				
	1	2	3	4	5	1	2	3	4	5	1	2	3	4	5	1	2	3	4	5
耒阳	0.1349	0.2883	0.2798	0.1820	0.1150	0.1759	0.2537	0.2546	0.1560	0.1598	0.0660	0.3920	0.3647	0.1312	0.0462	0.1353	0.3264	0.3291	0.1016	0.1076
常宁	0.1008	0.1181	0.5005	0.2806	0.0000	0.1635	0.1638	0.3889	0.2838	0.0000	0.0187	0.0266	0.7556	0.1991	0.0000	0.0747	0.0750	0.5702	0.2800	0.0000
衡阳	0.0433	0.1561	0.5380	0.1485	0.1142	0.0528	0.1659	0.4290	0.1737	0.1786	0.0031	0.0504	0.8767	0.0449	0.0249	0.0063	0.0819	0.7229	0.0913	0.0976
衡南	0.0950	0.2310	0.2522	0.3441	0.0777	0.1039	0.2271	0.2377	0.3093	0.1220	0.0260	0.1977	0.2439	0.5155	0.0168	0.0338	0.2131	0.2377	0.4426	0.0488
衡山	0.0000	0.2317	0.6694	0.0989	0.0000	0.0000	0.2505	0.5663	0.1833	0.0000	0.0000	0.0927	0.8941	0.0132	0.0000	0.0000	0.1395	0.7943	0.0661	0.0000
祁东	0.2120	0.3775	0.1705	0.0494	0.1906	0.2220	0.2732	0.1667	0.0809	0.2571	0.1562	0.6223	0.0938	0.0062	0.1215	0.2143	0.3523	0.1077	0.0205	0.3050
衡东	0.1248	0.2385	0.2403	0.3558	0.0406	0.1913	0.2593	0.2175	0.2773	0.0547	0.0457	0.2051	0.2087	0.5365	0.0041	0.1440	0.2997	0.1963	0.3516	0.0085

表 6.10 可变模糊分析法评估结果

样本	$\alpha=1$，$p=1$	$\alpha=1$，$p=2$	$\alpha=2$，$p=1$	$\alpha=2$，$p=2$	稳定范围	均值
耒阳	2.8539	2.8702	2.6997	2.7200	2.6997～2.8702	2.7860
常宁	2.9610	2.7929	3.1352	3.0556	2.7929～3.1352	2.9862
衡阳	3.1342	3.2596	3.0380	3.1921	3.0380～3.2596	3.1560
衡南	3.0785	3.1184	3.2991	3.1878	3.0785～3.2991	3.1710
衡山	2.8672	2.9329	2.9206	2.9265	2.8672～2.9329	2.9118
祁东	2.6290	2.8780	2.3148	2.8495	2.3148～2.8780	2.6678
衡东	2.9489	2.7449	3.2484	2.7810	2.7810～3.2484	2.9308

6.6 水利水电工程围岩稳定性评价

6.6.1 概述

围岩稳定性是确保水利水电工程安全的重要环节。围岩作为一种复杂介质，其稳定性受多种指标的影响，且指标之间关系复杂，若以单指标对其进行评价，其结果往往不符合实际。因此围岩稳定性评价属于多指标多级别的综合评价问题。

用于围岩稳定性评价的方法很多，本节介绍基于可变模糊集理论的水利水电工程围岩稳定性可变模糊评价方法。该方法可以考虑变换模型的参数，以提高评价结果的可靠性。以黄河大柳树水电站导流洞围岩稳定性工程为实例，验证可变模糊评价方法的合理性。

6.6.2 实例

以黄河大柳树水电站导流洞围岩稳定性分析为例，来说明可变模糊评价方法在围岩工程稳定性综合评价领域中的应用。基本资料引自文献［20］，六个评价指标为：J_v（体积节理数）、R_w（岩石单轴饱和抗压强度）、K_v（岩石完整性系数）、K_f（结构面强度系数）、ω'（地下水情况）、s（准围岩强度应力比）。围岩分为五级，各级围岩变形破坏特征见表 6.11，围岩稳定性级别与各指标标准值区间见表 6.12。

根据文献［20］的资料，黄河大柳树水电站导流洞洞室内各分级指标值见表 6.13。

表 6.11 围岩级别与变形破坏特征

围岩级别	稳定性	围岩变形破坏特征
Ⅰ	稳定性好	不支护可以长期稳定
Ⅱ	基本稳定	整体稳定，不产生塑性形变
Ⅲ	稳定性差	岩体强度不足，局部产生塑性变形破坏
Ⅳ	不稳定	岩体不能长期自稳，规模较大的各种变形和破坏可能发生
Ⅴ	极不稳定	岩体不能自稳，变形破坏严重

表 6.12　　围岩稳定性级别与各指标标准值区间的关系

指标	级别				
	稳定性好（Ⅰ）	基本稳定（Ⅱ）	稳定性差（Ⅲ）	不稳定（Ⅳ）	极不稳定（Ⅴ）
J_v/(条/m³)	<3	3～10	10～20	20～30	30～50
R_w/MPa	200～120	120～60	60～30	30～15	<15
K_v	1～0.75	0.75～0.45	0.45～0.30	0.30～0.20	<0.20
K_f	1～0.8	0.80～0.60	0.60～0.40	0.40～0.20	<0.20
ω'	<2.0	2.0～5.0	5.0～6.7	6.7～7.7	7.7～8.0
s	8～4	4～3	3～2	2～1	<1

表 6.13　　大柳树水电站导流洞围岩工程分级指标值

指标	J_v/(条/m³)	R_w/MPa	K_v	K_f	ω'	s
指标值	18	139.1	0.449	0.56	4.27	33.99

根据表 6.13 得黄河大柳树水电站导流洞洞室围岩（$j=1$，仅有一个样本）的指标特征值向量为

$$\boldsymbol{x}=(18,139.10,0.449,0.56,4.27,33.99)=(x_{ij})$$

式中：i 为指标序号，$i=1,2,\cdots,6$。

根据表 6.12 中分级评价指标标准值区间可得围岩各级指标标准值区间矩阵为

$$\boldsymbol{I}_{ab}=\begin{bmatrix} [0,3] & [3,10] & [10,20] & [20,30] & [30,50] \\ [200,120] & [120,60] & [60,30] & [30,15] & [15,0] \\ [1,0.75] & [0.75,0.45] & [0.45,0.30] & [0.3,0.2] & [0.2,0] \\ [1,0.8] & [0.8,0.6] & [0.6,0.4] & [0.4,0.2] & [0.2,0] \\ [0,2] & [2,5] & [5,6.7] & [6.7,7.7] & [7.7,8] \\ [8,4] & [4,3] & [3,2] & [2,1] & [1,0] \end{bmatrix}=([a_{ih},b_{ih}])$$

其中：$h=1,2,\cdots,5$。

根据矩阵 $\boldsymbol{I}_{ab}$，可简便地给出级别 h 指标 i 的范围值区间矩阵。

下面以根据矩阵 $\boldsymbol{I}_{ab}$ 数据，计算样本 $j=1$ 指标 1 对级别 $h(h=1,2,\cdots,5)$ 的相对隶属度为例做一说明。

对样本 j 指标 1，已知 $x_{1j}=18$，由矩阵 $\boldsymbol{I}_{ab}$ 可见，x_{1j} 落入 3 级区间 [10，20]。据此可先求指标 1 对 3 级的相对隶属度。因为 3 级为稳定性的中间级别，故相对隶属度等于 1 的 M_{13} 值可取在该区间的中间，即 $M_{13}=15$。因 $x_{1j}=18$，位于 M_{13} 的右侧，且已知 $a_{13}=10$，$b_{13}=20$，$c_{13}=3$，$d_{13}=30$，$x_{1j}\in[M_{13},\ b_{13}]$，得 $\mu_{\underset{\sim}{A}}(x_{1j})_3=0.7$。再求指标 1 对 4 级的相对隶属度。考虑 4 级为不稳定级，且指标 1 为越大越不稳定指标，根据物理意义，M_{14} 可取为线性变化，当已知 $c=5$，$h=4$，$a=20$，$b_{14}=30$ 时，得到 $M_{14}=27.5$，则 x_{1j} 位于 M_{14} 的左侧。已知 $a_{14}=20$，$c_{14}=10$，$x_{1j}\in[c_{14},\ a_{14}]$，得 $\mu_{\underset{\sim}{A}}(x_{1j})_4=0.4$。然后求指标 1 对 2 级的相对隶属度。考虑 2 级为基本稳定级，指标 1 为越小越稳定指标。当已知 $c=5$，$h=2$，$a_{12}=3$，$b_{12}=10$ 时，得到 $M_{12}=4.75$，则 x_{1j} 位于 M_{12} 的右侧。已知 $b_{12}=10$，$d_{12}=20$，$x_{1j}\in[b_{12},\ d_{12}]$，得 $\mu_{\underset{\sim}{A}}(x_{1j})_2=0.1$。由于 $x_{1j}=18$ 落入 3 级指标标准值区

间，只有相邻两级才有隶属度，故 $\mu_{\underset{\sim}{A}}(x_{1j})_1=\mu_{\underset{\sim}{A}}(x_{1j})_5=0$。

于是样本 j 指标1隶属于级别 h 的相对隶属度向量为 $\mu_{\underset{\sim}{A}}(x_{1j})=(0,0.1,0.7,0.4,0)$。如果要求对各级的相对隶属度之和为1，可以做归一化处理，即 $\mu_{\underset{\sim}{A}^0}(x_{1j})=(0,0.083,0.583,0.334,0)$。类似地可得到样本 j 指标 $i(i=1,2,\cdots,6)$ 对级别 $h(h=1,2,\cdots,5)$ 的归一化相对隶属度矩阵为

$$\boldsymbol{\mu}_{\underset{\sim}{A}^0}(\boldsymbol{x}_j)=\begin{bmatrix}0 & 0.083 & 0.583 & 0.334 & 0\\ 0.619 & 0.381 & 0 & 0 & 0\\ 0 & 0.495 & 0.502 & 0.003 & 0\\ 0 & 0.334 & 0.583 & 0.083 & 0\\ 0.109 & 0.554 & 0.337 & 0 & 0\\ 1 & 0 & 0 & 0 & 0\end{bmatrix}$$

为了与文献［20］的评价结果进行比较，采用该文的指标权向量：

$$\boldsymbol{w}=(0.185,0.214,0.152,0.134,0.153,0.162)=(\omega_i)$$

应用可变模糊评价模型，求得 α、p 四种参数组合下样本 j 对级别 $h(h=1,2,\cdots,5)$ 的综合相对隶属度，列于表6.14。

表6.14　　四种模型参数组合的综合相对隶属度

h	$\alpha=1,\ p=1$					$\alpha=1,\ p=2$				
	1	2	3	4	5	1	2	3	4	5
$_ju'_h$	0.311	0.302	0.314	0.078	0	0.398	0.328	0.369	0.141	0
$_ju_h$	0.309	0.301	0.312	0.078	0	0.322	0.265	0.299	0.114	0
H	2.159					2.205				
h	$\alpha=2,\ p=1$					$\alpha=2,\ p=2$				
	1	2	3	4	5	1	2	3	4	5
$_ju'_h$	0.169	0.158	0.173	0.007	0	0.304	0.193	0.255	0.026	0
$_ju_h$	0.333	0.312	0.341	0.014	0	0.391	0.248	0.328	0.033	0
H	2.036					2.003				

则四种模型参数组合下的级别特征值平均值为 $\overline{H}=2.101$。评价结果为Ⅱ级，即围岩基本稳定。

文献［20］应用可拓评价方法中的最大关联度原则，评价黄河大柳树水电站导流洞围岩稳定性为Ⅲ级，即为稳定性差的岩体。这一评价结果与本节可变模糊评价方法得到的结果相差一级，现比较分析如下。

文献［20］计算得到大柳树水电站导流洞围岩对Ⅰ、Ⅱ、…、Ⅴ级的关联度向量为：$\boldsymbol{K}=(0.339,\ 0.270,\ 0.342,\ 0.047,\ 0.006)$。该文献根据最大关联度原则，评价导流洞围岩为3级，即稳定性差的岩体。这一评价结果与实际不符。它是根据最大关联度原则，仅根据样本对3级的关联度 $k_3=0.342$ 最大给出评价，但却丢掉了对1级、2级关联度 $k_1=0.339$、$k_2=0.270$ 的有用信息。因为 $k_1+k_2=0.609>0.342$，且比 k_3 大了78%。根据表4.34和表4.35可知：6项评价指标有3项指标值落入了1、2级，1项指标值紧靠

2、3 级的分界处，2 项指标落入 3 级，即：指标 1，$J_v=18$，落入 3 级；指标 2，$R_w=139.10$，落入 2 级；指标 3，$K_v=0.449$，虽落入 3 级，但与 2、3 级标准区间的下、上限值 0.45 相差无几；指标 4，$K_f=0.56$，落入了 3 级，但接近 3 级的上限值 0.60；指标 5，$\omega'=4.27$，落入 2 级；指标 6，$s=33.99$，大大超过了 1 级标准区间的上限值 8。因此，评价导流洞围岩为 3 级稳定性差的岩体不合理，合理的评价应是本节的结果，导流洞围岩为 2 级，即围岩基本稳定。

6.7 水电站地下厂房岩体稳定性评价

6.7.1 概述

岩体稳定性是水电站地下厂房设计与施工的重要影响因素，对其稳定性进行综合评价极为重要。在岩体稳定性评价实践中，通常采用线性加权平均模糊综合评判模型对岩体稳定性进行评价。但该法存在的主要问题是用线性模型去评价具有复杂非线性特点的岩体稳定性，使评价结果趋于均化。陆兆溱等[21]提出模糊模式识别直接法对地下洞室岩体稳定性进行分类评价，该法未考虑影响岩体稳定性因素（或指标）的权重，实质上假定指标为等权重，这一假定与实际情况不符。康志强等[22]应用可拓学（物元分析）理论对水电站地下厂房围岩稳定性进行评价。吴大国等[23]提出围岩稳定性集对分析综合评价。但陈守煜[24]认为集对分析所谓的中介不确定性概念实际上并不存在。因此根据该概念建立的围岩稳定性评价模型失去合理性与科学性。目前评价岩体稳定性的方法虽然很多，但方法在理论上还需要提高。

6.7.2 实例

以文献［22］中水布垭水利枢纽右岸地下水电站厂房周围岩体为例，应用可变模糊模式识别方法对其进行综合评价。水布垭水利枢纽右岸地下水电站是清江梯级水电站的龙头电站。地下厂房区围岩以栖霞组为主，自上向下岩层分为：①中厚层灰岩；②灰岩夹薄层泥质生物碎屑灰岩；③灰岩夹燧石层；④灰岩夹薄层泥质生物碎屑灰岩。根据围岩稳定性评价指标体系的选取原则，针对水布垭水利枢纽右岸地下水电站厂房区围岩为灰岩的具体工程特点，文献［22］确定 8 个评价指标为：①岩石单轴抗压强度 R_c；②岩石质量指标 RQD；③岩体变形模量 E；④岩石泊松比 μ；⑤岩体抗剪断强度 C；⑥结构面摩擦因数 f；⑦地下水状态 A；⑧主要结构面产状 B。相关专家意见为：指标⑤岩体抗剪断强度 C，目前在工程应用中无法获取，即便是大型的现场剪切，亦不能视为岩体的抗剪断强度，且与结构面摩擦因数 f 不能对应。因此本例删去文献［22］中的岩体抗剪断强度指标，变为 7 个指标，对水布垭地下厂房洞室围岩第三层样本稳定性进行综合评价。按照 SL 279—2002《水工隧洞设计规范》的规定，围岩分为五级。评价指标各级标准值区间见表 6.15。

根据文献［22］的资料，水布垭水电站地下厂房围岩第三层样本指标特征值见表 6.16。

表 6.15　围岩稳定性与各指标标准区间值的关系

评价指标	稳定性类别				
	(1) 稳定	(2) 基本稳定	(3) 稳定性差	(4) 不稳定	(5) 极不稳定
岩石单轴抗压强度 R_c/MPa	200～150	150～125	125～90	90～40	40～10
岩石质量指标 RQD/%	100～90	90～75	75～50	50～25	25～0
岩体变形模量 E/GPa	60～33	33～20	20～6	6～1.3	1.3～0
岩石泊松比 μ	0～0.2	0.2～0.25	0.25～0.3	0.3～0.35	0.35～0.5
结构面摩擦因数 f	1.2～0.8	0.8～0.3	0.3～0.2	0.2～0.1	0.1～0.01
地下水状态 A/[L/(min·10m)]	0～25	25～50	50～100	100～125	125～200
主要结构面产状 B/(°)	90～75	75～60	60～45	45～30	30～0

表 6.16　水布垭水电站地下厂房围岩第三层样本指标值

评价指标	R_c/MPa	RQD/%	E/GPa	μ	f	A	B
指标值	80	85	18	0.2	1.2	30	70

应用可变模糊模式识别模型对该围岩样本稳定性进行综合评价。考虑到该围岩工程稳定性综合评价是一个非线性问题，但难以确定其非线性程度，故采用参数 $\alpha=1$，$p=1$；$\alpha=1$，$p=2$；$\alpha=2$，$p=1$；$\alpha=2$，$p=2$ 四者评价的均值作为评价结果。

(1) 根据表 6.15、表 6.16 可得指标特征值与指标标准特征值规格化矩阵

$$\vec{r}_j=(0.368,0.85,0.3,0.6,1,0.85,0.778)^{\mathrm{T}}=(r_{ij})$$

$$\boldsymbol{S}_{7\times5}=\begin{bmatrix}1 & 0.737 & 0.513 & 0.518 & 0\\1 & 0.9 & 0.625 & 0.25 & 0\\1 & 0.55 & 0.217 & 0.022 & 0\\1 & 0.6 & 0.45 & 0.3 & 0\\1 & 0.664 & 0.210 & 0.076 & 0\\1 & 0.875 & 0.625 & 0.375 & 0\\1 & 0.833 & 0.583 & 0.333 & 0\end{bmatrix}=(s_{ih}),\ i=1,2,\cdots,7;\ h=1,2,\cdots,5$$

将$\vec{r}_j$中的元素与矩阵 $\boldsymbol{S}$ 中相应指标的各类标准值进行比较，可知：$a_j=1$，$b_j=4$。

(2) 参考文献［22］中的指标权重，采用权向量为 $\boldsymbol{w}=(0.348,\ 0.255,\ 0.211,\ 0.066,\ 0.047,\ 0.030,\ 0.043)$。

(3) 应用可变模糊模式识别模型计算样本对各级的相对隶属度，取 $\alpha=1$，$p=1$，解得相对隶属度为${}_1\boldsymbol{U}=(0.128,\ 0.269,\ 0.347,\ 0.255,\ 0)$，级别特征值 $H_1=(1,\ 2,\ 3,\ 4,\ 5)\cdot(0.128,\ 0.269,\ 0.347,\ 0.255,\ 0)^{\mathrm{T}}=2.727$。

取 $\alpha=1$，$p=2$；解得相对隶属度为${}_2\boldsymbol{U}=(0.121,\ 0.233,\ 0.348,\ 0.298,\ 0)$。

级别特征值为 $H_2=(1,\ 2,\ 3,\ 4,\ 5)\cdot(0.121,\ 0.233,\ 0.348,\ 0.298,\ 0)^{\mathrm{T}}=2.821$。

现根据四种参数组合下可变模糊模式识别公式之间的联系，即通过${}_1\boldsymbol{U}$来确定当 $\alpha=2$，$p=1$ 时的相对隶属度${}_3\boldsymbol{U}$；通过${}_2\boldsymbol{U}$来确定当 $\alpha=2$，$p=2$ 时的相对隶属度${}_4\boldsymbol{U}$。可得：

1) $\boldsymbol{\beta}=(0.524,\ 0.249,\ 0.193,\ 0.263,\ 0)=(\beta_{hj})$。

2）$_3\boldsymbol{U}$＝(0.060，0.264，0.440，0.236，0)。

3）级别特征值为 H_3＝(1，2，3，4，5)·(0.060，0.264，0.440，0.236，0)^T＝2.852。

4）$\boldsymbol{\theta}$＝(0.090，0.024，0.011，0.015，0)＝(θ_{hj})。

5）$_4\boldsymbol{U}$＝(0.053，0.195，0.434，0.318，0)^T。

6）级别特征值为 H_4＝(1，2，3，4，5)·(0.053，0.195，0.434，0.318，0)^T＝3.017。

综合上述计算结果得出该围岩样本的评价级别，列于表 6.17。

表 6.17　围岩稳定性评价级别

参数组合	$\alpha=1$，$p=1$	$\alpha=1$，$p=2$	$\alpha=2$，$p=1$	$\alpha=1$，$p=2$	均值 $\overline{H}$	评级等级
级别特征值	$H_1=2.727$	$H_2=2.821$	$H_3=2.852$	$H_2=3.017$	2.854	3 级

文献［25］根据级别特征值 H 评价级别的判别式如下：

$$\begin{cases} 1.0\leqslant H\leqslant 1.5,\text{归属于 1 级} \\ h-0.5<H\leqslant h,\text{归属 } h \text{ 级,偏}(h-1)\text{级}(h=2,3,\cdots,c-1) \\ h<H\leqslant h+0.5,\text{归属 } h \text{ 级,偏}(h+1)\text{级}(h=2,3,\cdots,c-1) \\ c-0.5<H\leqslant c,\text{归属于 } c \text{ 级} \end{cases}$$

样本的评价等级为 3 级（略偏 2 级）。

计算结果表明：四组非线性模型参数组合的级别特征值变动范围较小，在 2.727～3.017 之间，均在 3 级左右变化，采用四组非线性参数得到的评价结果，可以提高评价的可靠性。

文献［22］应用可拓学（物元分析）方法对水布垭水电站地下厂房围岩稳定性进行评价，得出该围岩样本稳定性属于 2 级，与本节的评价结果相差一级，具体原因分析如下：可拓学方法所得的关联函数矩阵为 $\boldsymbol{K}_P$＝(－0.1788，－0.1207，－0.1240，－0.1970，－0.5473)，关联度均为负值。根据可拓学定义，关联函数为“负”表示不具有某性质。根据 K_p 的数值可知，水布垭地下厂房洞室该围岩样本不具有 1～5 级的程度分别 0.1788，0.1207，0.1240，0.1970，0.5473；显然，这是一组不合理的数据，因为评价等级只能出现在 1～5 级之中。但可拓学最大关联度判定原则又把“负”号作为“定量”之用，进行数值大小之间的比较，在该样本不具有 1～5 级性质的情况下，却得到了评价为 2 级的结果，出现了数学逻辑错误。

第 7 章　模糊优选模型的概念及其应用

7.1　模糊优选模型

设多目标决策系统有 n 个方案组成的方案集：

$$D=(d_1,d_2,\cdots,d_n) \tag{7.1}$$

式中：d_j 为系统方案集中的方案（或决策），$j=1,2,\cdots,n$；n 为方案总数。

多目标决策是在有限论域的非劣解方案集中进行的，和方案集以外的方案无关，这是多目标决策的相对性。每个方案的优劣由 m 个目标来衡量，有模糊目标特征值矩阵：

$$\boldsymbol{X}=\begin{bmatrix} X_{11} & X_{12} & \cdots & X_{1n} \\ X_{21} & X_{22} & \cdots & X_{2n} \\ \vdots & \vdots & \ddots & \vdots \\ X_{m1} & X_{m2} & \cdots & X_{mn} \end{bmatrix}=(X_{ij})_{m\times n} \tag{7.2}$$

其中：$i=1,2,\cdots,m$；$j=1,2,\cdots,n$。

矩阵中元素 X_{ij} 一般常用三角模糊或梯形模糊数表示，现以三角模糊数为例说明模型的推导过程，即 $X_{ij}=({}^1X_{ij},{}^2X_{ij},{}^3X_{ij})$，如无特殊说明，下文提到的模糊数皆指三角模糊数。

对越大越优型目标采用下列公式归一化：

$$\tilde{r}_{ij}=\left(\frac{{}^1X_{ij}}{\bigvee\limits_j {}^3X_{ij}},\frac{{}^2X_{ij}}{\bigvee\limits_j {}^3X_{ij}},\frac{{}^3X_{ij}}{\bigvee\limits_j {}^3X_{ij}}\right) \tag{7.3}$$

对越小越优型采用

$$\tilde{r}_{ij}=\left(\frac{\bigwedge\limits_j {}^1X_{ij}}{{}^3X_{ij}},\frac{\bigwedge\limits_j {}^1X_{ij}}{{}^2X_{ij}},\frac{\bigwedge\limits_j {}^1X_{ij}}{{}^1X_{ij}}\right) \tag{7.4}$$

则模糊决策矩阵 $\boldsymbol{X}$ 就转换成

$$\boldsymbol{R}=\begin{bmatrix} \tilde{r}_{11} & \tilde{r}_{12} & \cdots & \tilde{r}_{1n} \\ \tilde{r}_{21} & \tilde{r}_{22} & \cdots & \tilde{r}_{2n} \\ \vdots & \vdots & \ddots & \vdots \\ \tilde{r}_{m1} & \tilde{r}_{m2} & \cdots & \tilde{r}_{mn} \end{bmatrix}=(\tilde{r}_{ij})_{m\times n} \tag{7.5}$$

考虑不同目标的重要性，建立模糊加权目标特征值隶属度矩阵：

$$\boldsymbol{V}=\begin{pmatrix}\tilde{v}_{11} & \tilde{v}_{12} & \cdots & \tilde{v}_{1n}\\ \tilde{v}_{21} & \tilde{v}_{22} & \cdots & \tilde{v}_{2n}\\ \vdots & \vdots & \ddots & \vdots\\ \tilde{v}_{m1} & \tilde{v}_{m2} & \cdots & \tilde{v}_{mn}\end{pmatrix}=(\tilde{v}_{ij})_{m\times n} \tag{7.6}$$

$$\tilde{v}_{ij}=\tilde{r}_{ij}(\cdot)w_i$$

式中：w_i 为目标 i 的以模糊数表示的权重。

根据相对隶属度的定义，在参考连续统中介过渡的两极，一极具有最大相对隶属度，即理想“优”方案的相对隶属度为

$$\boldsymbol{g}=(g_1,g_2,\cdots,g_m)^{\mathrm{T}} \tag{7.7}$$

另一极具有最小相对隶属度，即理想“劣”方案的相对隶属度为

$$\tilde{\boldsymbol{b}}=(\tilde{b}_1,\tilde{b}_2,\cdots,\tilde{b}_m)^{\mathrm{T}} \tag{7.8}$$

式中：$g_i=(1,\ 1,\ 1)$，$\tilde{b}_i=(0,\ 0,\ 0)$，$i=1,2,\cdots,m$。

考虑到目标的权重，则理想“优”方案的加权相对隶属度为

$$_{w}\boldsymbol{g}=(_{w}g_1,{_{w}g_2},\cdots,{_{w}g_m})^{\mathrm{T}} \tag{7.9}$$

理想“劣”方案的加权相对隶属度为

$$_{w}\tilde{\boldsymbol{b}}=(_{w}\tilde{b}_1,{_{w}\tilde{b}_2},\cdots,{_{w}\tilde{b}_m})^{\mathrm{T}} \tag{7.10}$$

式中：$_{w}g_i=g_i(\cdot)w_i$，$_{w}\tilde{b}_i=\tilde{b}_i(\cdot)w_i$，$i=1,\ 2,\ \cdots,\ m$。

然而在一般情况下，理想“优”方案与理想“劣”方案并不存在，只能寻找尽量靠近理想“优”和尽量远离理想“劣”的方案。设方案 d_j 对理想“优”的相对隶属度以 u_j 表示，根据模糊集合的补余律，方案 d_j 对理想“劣”的相对隶属度为 $1-u_j$。方案 d_j 可用模糊向量表示：

$$\tilde{\boldsymbol{v}}=(\tilde{v}_{1j},\tilde{v}_{2j},\cdots,\tilde{v}_{mj})^{\mathrm{T}} \tag{7.11}$$

则方案 d_j 与理想“优”方案的差异用广义距优距离表示：

$$dg_j=\|V_j-{_{w}g}\|=\left\{\sum_{i=1}^{m}[d_g(\tilde{v}_{ij}-{_{w}g_i})]^q\right\}^{\frac{1}{q}} \tag{7.12}$$

则方案 d_j 与理想“劣”方案的差异用广义距劣距离表示：

$$db_j=\|V_j-{_{w}\tilde{b}}\|=\left\{\sum_{i=1}^{m}[d_g(\tilde{v}_{ij}-{_{w}\tilde{b}_i})]^q\right\}^{\frac{1}{q}} \tag{7.13}$$

式中：q 为距离参数，$q=1$ 时为海明距离，$q=2$ 时为欧氏距离。

在概率论中概率可定义为权重，例如，对连续型随机变量 x，其数学期望定义为

$$M(x)=\int xf(x)\mathrm{d}x \tag{7.14}$$

式中：$f(x)$ 为随机变量 x 的概率密度函数；$f(x)\mathrm{d}x$ 为概率元素，作为随机变量 x 的权重出现在数学期望的公式中。

同样，在模糊集合论中隶属度也可以定义为权重。方案 d_j 以相对隶属度 u_j 隶属于理想“优”，其距离为 dg_j。为了更合理地描述方案 d_j 与理想“优”之间的差异，引入加权广义距优距离

$$DG_j = u_j dg_j \tag{7.15}$$

类似地，可以得到加权广义距劣距离

$$DB_j = (1-u_j) db_j \tag{7.16}$$

为了求解方案 d_j 的相对隶属度 u_j 的最优值，建立如下的优化准则：方案 d_j 的加权广义距优距离平方与加权广义距劣距离平方和最小，即目标函数 $\min\{F(u_j)\}$，其中

$$F(u_j) = DG_j^2 + DB_j^2$$

$$= u_j^2 \left\{ \sum_{i=1}^{m} [d_g(\tilde{v}_{ij} - {}_w g_i)]^q \right\}^{\frac{2}{q}} + (1-u_j)^2 \left\{ \sum_{i=1}^{m} [d_g(\tilde{v}_{ij} - {}_w \tilde{b}_i)] \right\}^{\frac{2}{q}} \tag{7.17}$$

对目标函数求导数，且令导数为零，即

$$\frac{\mathrm{d}F(u_j)}{\mathrm{d}u_j} = 0 \tag{7.18}$$

解得

$$u_j = \left(1 + \frac{dg_j^2}{db_j^2}\right)^{-1} + \left[1 + \frac{\left\{ \sum_{i=1}^{m} [d_g(\tilde{v}_{ij} - {}_w g_i)]^q \right\}^{2/q}}{\left\{ \sum_{i=1}^{m} [d_g(\tilde{v}_{ij} - {}_w \tilde{b}_i)]^q \right\}^{2/q}}\right]^{-1} \tag{7.19}$$

式中：$d_g(\tilde{v}_{ij} - {}_w g_i)$ 和 $d_g(\tilde{v}_{ij} - {}_w \tilde{b}_i)$ 分别为模糊数 $\tilde{v}_{ij}$ 与 ${}_w g_i$ 和 ${}_w \tilde{b}_i$ 之间的几何距离测度。

由此得到各个方案对优的相对隶属度

$$\boldsymbol{u} = (u_1, u_2, \cdots, u_n) \tag{7.20}$$

根据最大隶属度原则，可以优选出满意的方案。

7.2　在水库调度管理中的应用与实践

7.2.1　概述

水库的调度决策是决策支持系统的主要组成部分，是一个典型的多目标、多属性、多层次、多阶段的决策问题。水库调度决策的正确与否，不但与实时的水情、雨情（定量和定性的、不同属性的）信息直接有关，还与决策者的经验、知识、偏好等因素密切相关。这些经验、知识、偏好和定性信息具有模糊性，且不易量化，从而决定了水库的调度决策是一个定量与定性、结构与非结构决策相结合的模糊性决策问题。

尤其是防洪调度决策，它涉及自然、社会、经济、技术、生态环境等多个复杂的、相互联系但又彼此制约的因素或目标，必须有决策者直接参与。其中既有定量目标如洪灾损失，又有定性目标如灾区群众转移难度、防洪风险等。防洪调度决策不仅要依据洪水的自然规律，即洪水的自然属性，同时更需要根据洪水灾害对社会造成的严重后果，即洪水的社会属性。因此，要用精确的数学工具来描述复杂的水库防洪调度决策问题，精确的数学模型面临了描述的精确性和有意义性之间相互排斥的难题，并难以回避如何描述经验、知识、偏好等模糊性问题。本项目研究了应用前面提出的模糊聚类通用循环迭代模型、模糊

可变集合模型及模糊识别模型，对防洪调度决策涉及的洪涝区分类、防洪工程体系综合风险评价分析及水库防洪调度方案选取等分别进行研究，取得了一系列的研究成果。

7.2.2 水库正常蓄水位的选取

水库正常蓄水位的选取是一个多目标的方案优选，蓄水位的高低与调节库容、多年平均发电量、装机容量、耕地淹没面积、迁移居民数量、工程投资和工程的技术难度密切相关。为验证多目标可变模糊优选方法优选水库蓄水位的可行性和有效性，本节以文献［26］的阿尔塔什水库为研究实例，以调节库容、装机容量、生态供水、水库水量损失、工程量等为方案优选时选取的目标，对1810m、1815m、1820m、1825m 4个蓄水位方案进行优选。其优选目标体系见表7.1。

表7.1　不同正常蓄水位优选目标体系

优 选 目 标	方案Ⅰ	方案Ⅱ	方案Ⅲ	方案Ⅳ
	1810m	1815m	1820m	1825m
调节库容/亿 m^3	7.51	8.51	9.44	10.45
装机容量/万 kW	50	51.8	53.6	55.4
阿尔塔什多年平均发电量/(亿 kW·h)	21.15	21.97	22.78	23.5
水电系统电量/(亿 kW·h)	38.1	38.98	39.85	40.71
系统保证出力/万 kW	30.84	31.05	31.26	31.42
生态供水/亿 m^3	11.04	10.94	10.85	10.77
与上游衔接程度	1	0.95	0.9	0.85
平原水库水量损失/亿 m^3	1.79	1.7	1.65	1.49
静态投资/亿元	37.85	39.1	40.48	41.92
主要工程量/万 m^3	2706	3040	3143	3490

根据多目标可变模糊优选法的步骤，利用表7.1中的数据，可得到优选方案的目标特征值矩阵 $\boldsymbol{X}$，根据规格化公式可得到目标特征值的相对隶属度矩阵 $\boldsymbol{R}$。

$$\boldsymbol{X}=\begin{bmatrix} 7.51 & 8.51 & 9.44 & 10.4 \\ 50.0 & 51.8 & 53.6 & 55.4 \\ 21.15 & 21.97 & 22.78 & 23.5 \\ 38.1 & 38.98 & 39.85 & 40.71 \\ 30.84 & 31.05 & 31.26 & 31.42 \\ 11.04 & 10.94 & 10.85 & 10.77 \\ 1.00 & 0.95 & 0.90 & 0.85 \\ 1.79 & 1.70 & 1.65 & 1.49 \\ 37.85 & 39.1 & 40.48 & 41.92 \\ 2706 & 3040 & 3143 & 3490 \end{bmatrix}$$

$$R=\begin{bmatrix} 0 & 0.3401 & 0.6565 & 1 \\ 0 & 0.3333 & 0.6667 & 1 \\ 0 & 0.3489 & 0.6936 & 1 \\ 0 & 0.3372 & 0.6705 & 1 \\ 0 & 0.3621 & 0.7241 & 1 \\ 1 & 0.6296 & 0.2963 & 0 \\ 1 & 0.6667 & 0.3333 & 0 \\ 0 & 0.3000 & 0.4667 & 1 \\ 1 & 0.6929 & 0.3538 & 0 \\ 1 & 0.5740 & 0.4426 & 0 \end{bmatrix}$$

为增强可比性，多目标可变模糊优选方法的权重，取文献［26］中的权重。

$$\boldsymbol{W}=(0.1279,0.1,0.08,0.005,0.097,0.0503,0.13,0.07,0.15,0.1898)$$

根据式（7.19）可得到各方案在 4 种模型下的相对优属度如下：

模型（1），当 $\alpha=1$，$p=1$ 时，$\boldsymbol{u}=(0.5201, 0.4938, 0.5077, 0.4799)$。

模型（2），当 $\alpha=1$，$p=2$ 时，$\boldsymbol{u}=(0.5267, 0.5193, 0.4906, 0.4373)$。

模型（3），当 $\alpha=2$，$p=1$ 时，$\boldsymbol{u}=(0.5401, 0.4875, 0.5154, 0.4599)$。

模型（4），当 $\alpha=2$，$p=2$ 时，$\boldsymbol{u}=(0.6234, 0.5385, 0.4812, 0.3766)$。

所以，其平均相对优属度为：$\overline{\boldsymbol{u}}=(0.5616, 0.5098, 0.4987, 0.4384)$。由此，可得到 4 种方案的优属度排序为：方案Ⅰ、方案Ⅱ、方案Ⅲ、方案Ⅳ。由此可知阿尔塔什水库正常蓄水位的最优方案为方案Ⅰ，即正常蓄水位为 1810m，与参考文献［26］结论一致。

对比文献［26］的研究结果可知，尽管最优方案都是方案Ⅰ，但本节的方案的排序与文献［26］的稍有不同，文献［26］的为：方案Ⅰ、方案Ⅲ、方案Ⅱ、方案Ⅳ。本节的结果是 4 种模型的综合，回头分别看一下 4 种模型的结果：模型（1）为方案Ⅰ、方案Ⅲ、方案Ⅱ、方案Ⅳ；模型（2）为方案Ⅰ、方案Ⅱ、方案Ⅲ、方案Ⅳ；模型（3）为方案Ⅰ、方案Ⅲ、方案Ⅱ、方案Ⅳ；模型（4）为方案Ⅰ、方案Ⅲ、方案Ⅱ、方案Ⅳ。由此可看出模型（1）和模型（3）与文献［26］的排序结果一致。模型（2）和模型（4）与本节的最终排序结果一致。所以，在进行多目标方案优选时，不同的模型可能会得到不同的排序结果。多目标可变模型优选法作为 4 种模型的综合，均衡了 4 种优选模型的差异，其结果应更具代表性和说服力。

根据可变模糊集理论关于目标可变权重的概念，在多目标可变模型和优选方法中，权重是可变的，但为了对比文献中的结果，本节没有讨论优选方案各目标权重的可变性。在实际的应用中，应根据具体的实际问题而分析权重的变化。例如在 2009 年、2010 年我国许多地方都发生特大旱灾，许多地方水库的蓄水量都严重不足，各级抗旱部门投入了大量的人力、财力、物力来确保农业春灌季节供水高峰时期的灌溉水量。由此，在汛后期，可根据对旱情的预测，适当加大兴利目标权重，保证出现旱情时的灌溉用水量。所以，多目标模糊优选模型可变权重的概念，在实际应用上很有意义。

7.2.3 水库洪水调度决策

对于白山—红石—丰满梯级水电站水库，由于红石水电站为径流式电站，泄洪能力大，调洪库容小，故不考虑红石水电站对梯级水库群防洪系统的影响，于是可以将此系统简化为白山—丰满两级防洪系统，如图 7.1 所示，其中 $Q_1(t)$ 和 $Q_{1\text{-}2}(t)$ 分别为白山水库的入流和丰满水库的入流。

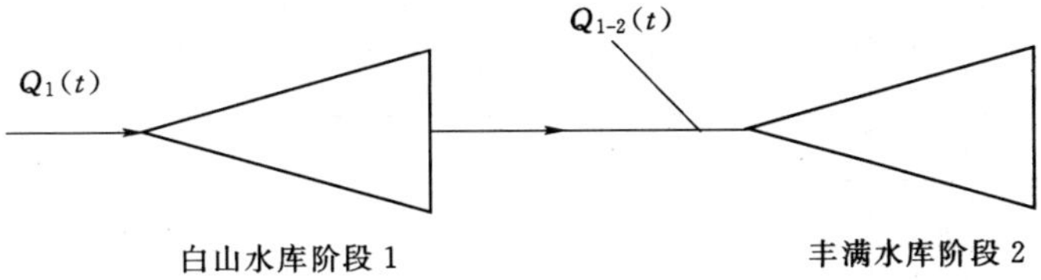

图 7.1　白山—丰满两级防洪系统图

确定目标为：①一次洪水的两库发电量 E_1 与 E_2；②两库调节一次洪水所动用的防洪库容 V_{F1} 与 V_{F2}；③两库调节一次洪水的末库容 V_{e1}、V_{e2} 与两库理想的末库容 V_{i1}、V_{i2} 之差；④两库的弃水量 V_{L1} 与 V_{L2}。确定可行方案集的约束条件为

$$\max z_1(t) \leqslant z_{\max_1} \tag{7.21}$$

$$\max z_2(t) \leqslant z_{\max_2} \tag{7.22}$$

上述约束条件表明：要求两库调度一次洪水过程中的最高水位 $\max z_1(t)$、$\max z_2(t)$ 分别低于两库的允许最高水位 $z_{\max_1}$、$z_{\max_2}$。

白山水库（水库 1）泄流设备有 3 个深孔与 4 个高孔，水电站有 3 台机组，汛限水位为 413.0m，其相应的库容为理想的末库容 V_{i1}。丰满水库（水库 2）有 11 个溢流堰与一个泄洪洞，水电站有 8 台机组，汛限水位为 261.0m，其相应的库容为理想的末库容 V_{i2}。

本例梯级洪水调度决策选取 1953 年 8 月 19 日 0 时—8 月 29 日 12 时白山水库的入库洪水与白山、丰满区间的洪水作为入流的资料。根据两库的泄流设备与水电站机组，文献[27] 拟定的白山、丰满水库的可能方案列于表 7.2、表 7.3。

表 7.2　　白山水库可能方案的泄流设备启闭状态（孔数）

方案编号	高孔				中孔	机组数/台
	4m	6m	8m	13m	7m	
1	0	0	0	4	0	3
2	0	0	0	3	0	3
3	0	0	0	2	0	3
4	0	0	0	1	0	3
5	1	0	0	3	0	3
6	1	1	0	2	0	3
7	1	1	0	1	0	3
8	1	0	0	1	0	3
9	0	0	0	4	1	3

表 7.3　　丰满水库可能方案的泄流设备启闭状态（孔数）

方案编号	溢流堰				泄洪洞	机组数/台
	1	1/2	1/3	1/6		
1	3	0	0	0	0	8
2	5	0	0	0	0	8
3	7	0	0	0	0	8
4	9	0	0	0	0	8
5	1	0	0	0	0	8
6	4	0	0	0	0	8
7	5	0	0	1	0	8
8	3	1	0	0	1	8

白山水库可行方案与目标特征值矩阵的确定过程如下。

白山水库为上游水库，为梯级水库系统的第 1 阶段，其入库流量过程 $Q_1(t)$ 只有一种情况。根据表 7.2 对白山水库拟定的 9 种可能方案，经水库调洪计算结果，只有第 4 种方案不满足约束条件式（7.21），故第 1 阶段的可行方案数与泄流过程 $s_1(t)$ 数均等于 8。

应用 8 个可行方案的水库调洪过程的数据可确定白山水库的目标特征值矩阵。

（1）由水库调洪所得的库水位过程线 $z_1(t)$ 与水库泄流过程线 $s_1(t)$，通过水轮机的流量 q_1，计算 8 个方案的发电量 E_{1_j} $(j=1,2,3,5,\cdots,9)$，得到发电量目标特征值列于表 7.4。

（2）由 8 个调洪最高水位所对应的库容减去水库调洪起调水位的相应库容，得到白山水库动用的防洪库容 $V_{F_{1_j}}$ $(j=1,2,3,5,\cdots,9)$，得动用防洪库容目标特征值列于表 7.4。

（3）按 8 个调洪结束的水库末水位所对应的库容 $V_{e_{1_j}}$，与白山水库汛限水位 413.0m 的相应库容 V_{i_1} 之差的绝对值 $|V_{e_{1_j}}-V_{i_1}|$ $(j=1,2,3,5,\cdots,9)$，得到目标 3 的特征值列于表 7.4。

（4）按 8 种泄流量过程线，求各方案的弃水量 $V_{L_{1j}}$ $(j=1,2,3,5,\cdots,9)$，得弃水量目标特征值一并列入表 7.4。

表 7.4　　阶段 1 的可行方案与目标特征值

可行方案	E_{1j} /(10^6kW·h)	$V_{F_{1j}}$ /亿 m^3	$\|V_{e_{1j}}-V_{i_1}\|$ /亿 m^3	$V_{L_{1j}}$ /亿 m^3
1	211.36	407.89	5.41	528.77
2	211.36	408.23	5.75	528.77
3	211.50	490.03	55.99	473.28
5	211.36	407.89	5.41	528.77
6	211.36	407.89	5.41	528.77
7	211.50	486.47	56.84	469.46
8	212.89	599.47	61.81	461.47
9	211.36	407.89	5.41	528.77

根据表 7.4 得白山水库或阶段 1 的目标特征值矩阵：

$$ {}_1\boldsymbol{F}(\boldsymbol{s}_0)=\begin{bmatrix} 211.36 & 211.36 & 211.50 & 211.36 & 211.36 & 211.50 & 212.89 & 211.36 \\ 407.89 & 408.23 & 490.03 & 407.89 & 407.89 & 486.47 & 599.47 & 407.89 \\ 5.41 & 5.75 & 55.99 & 5.41 & 5.41 & 56.84 & 61.81 & 5.41 \\ 528.77 & 528.77 & 473.28 & 528.77 & 528.77 & 469.46 & 461.47 & 528.77 \end{bmatrix} $$

显然，本阶段不需要优选，因阶段 1 仅有一种水库入流状态，故${}_1\boldsymbol{F}(\boldsymbol{s}_0)={}_1^*\boldsymbol{X}(\boldsymbol{s}_0)$。

丰满水库可行方案与目标特征值引自文献［27］，列于表 7.5。下面将确定过程予以简要说明。

将白山水库的每一种泄流过程（也可以考虑泄流过程在区间河道行进中的变形）与白山、丰满区间供水过程 $Q_{1\text{-}2}(t)$ 叠加（考虑在区间河道中的流达时间），组成丰满水库的 8 种入流状态。

根据表 7.3 知丰满水库有 8 个可能的泄流方案，对应着丰满水库的 8 种入流状态，需要就每一种入流状态，分别对丰满水库 8 个可能泄流方案进行调洪计算，按调洪结果与丰满水库的约束条件式（7.22）确定丰满水库 5 个可行泄流方案，计算可行方案的目标值。本例直接引用文献［27］的计算成果并列于表 7.5。

表 7.5　　　　阶段 2 的可行方案与目标特征值

可行方案构成（白山-丰满）	E_{1j}/(10^6kW·h)	V_{F1_j}/亿 m^3	$\lvert V_{e1_j}-V_{i1}\rvert$/亿 m^3	V_{L1_j}/亿 m^3
1－2	147.06	2615.6	485.7	1724.86
1－3	137.96	2453	474.23	1950.69
1－4	133.87	2443.79	474.13	2088.45
1－5	142.05	2463.53	335.82	2404.78
1－7	143.16	2582.08	462.09	1921.59
2－2	147.06	2615.6	485.7	1724.86
2－3	137.96	2453	474.23	1950.69
2－4	133.87	2443.79	474.13	2088.45
2－5	142.05	2463.53	335.82	2404.78
2－7	143.16	2582.08	462.09	1921.59
3－2	147.06	2568.72	484.25	1716.32
3－3	142.05	2434.17	479.62	2105.47
3－4	139.34	2412.79	397.16	1980.04
3－5	132.94	2486.73	457.88	2168.95
3－7	145.2	2537.59	489.46	1914.87
5－2	147.06	2615.6	485.7	1724.86
5－3	137.96	2453	474.23	1950.69
5－4	133.87	2443.79	474.13	2088.45
5－5	142.05	2463.53	335.82	2404.78

续表

可行方案构成（白山-丰满）	E_{1j} /(10^6 kW·h)	V_{F1_j} /亿 m^3	$\lvert V_{e1j} - V_{i1}\rvert$ /亿 m^3	V_{L1_j} /亿 m^3
5-7	143.16	2582.08	462.09	1921.59
6-2	147.06	2615.6	485.7	1724.86
6-3	137.96	2453	474.23	1950.69
6-4	133.87	2443.79	474.13	2088.45
6-5	142.05	2463.53	335.82	2404.78
6-7	143.16	2582.08	462.09	1921.59
7-2	140.01	2564.88	490.88	1850.06
7-3	142.04	2434.03	473.15	2073.45
7-4	147.03	2427.23	452.56	1758.61
7-5	146.96	2482.92	386.91	2139.97
7-7	145.2	2533.73	485.86	1914.56
8-2	147.06	2479.58	484.16	1700.78
8-3	147.04	2441.63	469.08	1884.76
8-4	133.88	2442.36	485.28	1951.52
8-5	146.99	2431.48	415.58	1762.93
8-7	146.13	2446.89	487.28	2036.13
9-2	147.06	2615.6	485.7	1724.86
9-3	137.96	2453	474.23	1950.69
9-4	133.87	2443.79	474.13	2088.45
9-5	142.05	2463.53	335.82	2404.78
9-7	143.16	2582.08	462.09	1921.59

由表7.4可见，白山水库可行方案1、5、6、9的目标特征值向量相同。按表7.5，当白山水库的可行方案为1、5、6、9时，丰满水库对应的可行方案目标特征值矩阵都等同，故白山水库的可行方案1、5、6、9为等价方案，可取其中任一方案参与以下的目标特征值合成与可变模糊优选计算。设取白山可行方案1参与计算，删去5、6、9方案，即下面只需计算白山水库5个可行方案1、2、3、7、8。这样可以使计算过程得到一定的简化，即阶段2可计算5种入流状态。

阶段2简化为5种状态，故需要用可变模糊优选模型对丰满水库的可行泄流方案进行局部优选，这样的局部优选要进行5次，每一次优选结果对应着一种入流状态。

现以阶段2的第一种入流状态 s_{1_1} 为例，对可变模糊优选过程进行说明。

根据表7.5中可行方案1-2～1-7，阶段2的面临阶段目标特征值矩阵为

$$
{}_2\boldsymbol{F}(\boldsymbol{s}_1)=\begin{bmatrix}147.06 & 137.96 & 133.87 & 142.05 & 143.16\\ 2165.60 & 2453.00 & 2443.79 & 2463.53 & 2582.08\\ 485.70 & 474.23 & 474.13 & 335.82 & 462.09\\ 1724.86 & 1950.69 & 2088.45 & 2404.78 & 1921.59\end{bmatrix}
$$

当阶段2入流状态为 s_{1_1} 时，需要将阶段2目标特征值与相应入流状态的阶段1局部

最优目标特征值进行合成。

文献［27］考虑目标对两库的重要性不同，在两库即两阶段的目标特征值合成时，计入各个目标对两库的不同权重。

设目标对两库的权向量为

$$\boldsymbol{w}_i=(\omega_{i1},\omega_{i2}),\ \omega_{i1}+\omega_{i2}=1;\ i=1,2,3,4$$

应用非结构性决策理论与模型，经过认真考虑，认为：发电量目标①对两库同样重要，故 $\boldsymbol{w}_i=(\omega_{i1},\omega_{i2})=(0.5,0.5)$；动用防洪库容目标②对丰满水库比对白山水库明显重要，经计算得到非归一化权向量 $\boldsymbol{w}'_2=(\omega'_{2_1},\omega'_{2_2})=(0.429,1)$，则目标②对两库的归一化权重为 $\boldsymbol{w}_2=(0.3,0.7)$；目标③对丰满水库比对白山水库略为重要，经计算得 $\boldsymbol{w}'_3=(\omega'_{3_1},\omega'_{3_2})=(0.667,1)$，则归一化权重 $\boldsymbol{w}_3=(0.4,0.6)$。根据前向递推矩阵，并计入目标对两库的权向量，则当入流状态为 s_{1_1} 时，阶段 2 的目标特征值合成矩阵为

$$
{}_2\boldsymbol{X}(\boldsymbol{s}_{1_1})=\begin{bmatrix}0.5&0&0&0\\0&0.7&0&0\\0&0&0.6&0\\0&0&0&0.8\end{bmatrix}\cdot\begin{bmatrix}147.06&137.96&133.87&142.05&143.16\\2615.60&2453.00&2443.79&2463.53&2582.08\\485.70&474.23&474.13&335.13&462.09\\1724.86&1950.69&2088.45&2404.78&1921.59\end{bmatrix}
$$

$$
+\begin{bmatrix}0.5&0&0&0\\0&0.3&0&0\\0&0&0.4&0\\0&0&0&0.2\end{bmatrix}\cdot\begin{bmatrix}211.36&211.36&211.36&211.36&211.36\\407.89&407.89&407.89&407.89&407.89\\5.41&5.41&5.41&5.41&5.41\\528.77&528.77&528.77&528.77&528.77\end{bmatrix}
$$

$$
=\begin{bmatrix}179.21&174.66&172.62&176.71&177.26\\1953.29&1839.47&1833.02&1846.84&1929.83\\293.58&286.70&286.64&203.65&279.41\\1485.64&1666.30&1776.51&2029.57&1643.02\end{bmatrix}=[{}_2x_{ij}(s_{1_1})]
$$

对上面的目标特征值合成矩阵应用可变模糊优选模型进行优选（局部优选），为此应用目标相对隶属度公式：

$${}_2r_{ij}(s_{1_1})=\frac{{}_2x_{ij}(s_{1_1})}{\bigvee\limits_{j2}x_{ij}(s_{1_1})}\tag{7.23}$$

对越大越优目标①（$i=1$），计算相对隶属度 r_{1j}，$j=1,2,\cdots,5$。

对越小越优目标②、③、④，应用公式：

$${}_2r_{ij}(s_{ij})=\frac{\bigwedge\limits_{j2}x_{ij}(s_{1_1})}{{}_2x_{ij}(s_{1_1})}\tag{7.24}$$

计算相对隶属度 $r_{ij}(i=2,3,4;\ j=1,2,\cdots,5)$。得到目标特征值合成相对隶属度矩阵：

$$
{}_2\boldsymbol{R}(\boldsymbol{s}_{1_1})=\begin{bmatrix}1&0.975&0.963&0.986&0.989\\0.938&0.996&1&0.993&0.950\\0.694&0.710&0.710&1&0.729\\1&0.892&0.836&0.732&0.904\end{bmatrix}=[{}_2r_{ij}(s_{1_1})]\tag{7.25}
$$

应用非结构性决策模型确定目标权向量。经过慎重考虑给出二元对比目标重要性排序标度矩阵为

$$E=\begin{bmatrix}0.5 & 0 & 0 & 0\\ 1 & 0.5 & 1 & 1\\ 1 & 0 & 0.5 & 0.5\\ 1 & 0 & 0.5 & 0.5\end{bmatrix}$$

易知矩阵 $\boldsymbol{E}$ 满足排序一致性标度矩阵的必要与充分条件。

由矩阵 $\boldsymbol{E}$ 知目标重要性排序依次为目标②、③与④、①（目标③、④同样重要）。

经过认真考虑，认为目标②与③、④相比处于明显与显著重要之间，而目标②与①相比十分重要。应用语气算子与相对隶属度的关系，得到非归一化目标权向量为

$$\boldsymbol{w}'=(0.25,1,0.379,0.379)$$

则目标权向量为

$$\boldsymbol{w}=(0.124,0.498,0.189,0.189)$$

应用可变模糊优选模型得阶段 2 在第 1 种入流状态 ${}_2s_{1_1}$ 条件下，方案平均相对隶属度为

$$\boldsymbol{u}=(0.988,0.991,0.989,0.994,0.988)$$

根据最大相对隶属度原则，其最大值为 0.994，知阶段 2 在第 1 种入流状态 ${}_2s_{1_1}$ 时的局部最优解为可行方案 1-5，相应的局部最优目标特征值向量如下：

阶段 1（白山水库）：

$${}_1^*\boldsymbol{x}=(211.36,407.89,5.41,528.77)$$

阶段 2（丰满水库）：

$${}_2^*\boldsymbol{x}=(142.05,2463.53,335.82,2404.78)$$

将阶段 2 入流状态 ${}_2s_{1_1}$ 的局部最优目标特征值向量列入表 7.6。类似地，可解得阶段 2 入流状态 ${}_2s_{1_2}$、${}_2s_{1_3}$、${}_2s_{1_7}$、${}_2s_{1_8}$ 的局部最优目标特征值向量，一并列于表 7.6。

表 7.6　　　　阶段 2 不同入流状态的局部最优目标特征值

方案	阶段 2 入流状态	阶段	局部最优目标特征值			
			(1)	(2)	(3)	(4)
1-5	${}_2s_{1_1}$	1	211.36	407.89	5.41	528.77
		2	142.05	2463.53	355.82	2404.78
2-5	${}_2s_{1_2}$	1	211.36	408.23	5.75	528.77
		2	142.05	2463.53	335.82	2404.78
3-4	${}_2s_{1_3}$	1	211.50	490.03	55.99	473.28
		2	139.34	2412.79	397.16	1980.04
7-4	${}_2s_{1_7}$	1	211.50	486.47	56.84	469.46
		2	147.03	2427.23	452.56	1758.63
8-5	${}_2s_{1_8}$	1	212.89	599.47	61.81	461.47
		2	146.99	2431.48	415.58	1762.93

根据表 7.6，可由第 2 阶段 5 种入流状态下的局部最优目标特征值的合成，选最优入流状态${}_2s_1^*$、最优决策 d_2^*、最优目标合成值向量${}_2\boldsymbol{x}^*$。

为此，由表 7.6 及目标对阶段 1（白山水库）、阶段 2（丰满水库）的权向量，计算第 2 阶段 5 种状态的局部最优目标特征值的合成矩阵：

$$
{}_2\boldsymbol{X}(\boldsymbol{s}_1)=\begin{bmatrix}0.5&0&0&0\\0&0.7&0&0\\0&0&0.6&0\\0&0&0&0.8\end{bmatrix}\cdot\begin{bmatrix}142.06&142.05&139.34&147.03&146.99\\2463.53&2463.53&2412.79&2427.23&2431.48\\355.82&355.82&397.16&452.56&415.58\\2404.78&2404.78&1980.04&1758.63&1762.93\end{bmatrix}
$$

$$
+\begin{bmatrix}0.5&0&0&0\\0&0.3&0&0\\0&0&0.4&0\\0&0&0&0.2\end{bmatrix}\cdot\begin{bmatrix}211.36&211.36&211.50&211.50&212.89\\407.89&408.23&490.03&486.47&599.47\\5.41&5.75&55.99&56.84&61.81\\528.77&528.77&473.28&469.46&461.47\end{bmatrix}
$$

$$
=\begin{bmatrix}176.21&176.71&175.42&179.27&179.94\\1864.84&1846.94&1835.96&1845.00&1881.88\\203.66&203.79&260.69&294.27&274.07\\2029.58&2029.58&1678.69&1500.80&1502.64\end{bmatrix}
$$

将矩阵${}_2\boldsymbol{X}(\boldsymbol{s}_1)$变为相应的目标相对隶属度矩阵：

$$
{}_2\boldsymbol{R}(\boldsymbol{s}_1)=\begin{pmatrix}0.982&0.982&0.975&0.996&1\\0.994&0.994&1&0.995&0.976\\1&0.999&0.781&0.692&0.743\\0.739&0.739&0.894&1&0.999\end{pmatrix}
$$

应用可变模糊优选模型，解得阶段 2 的 5 种入流状态平均相对隶属度向量：

$$
{}_2\boldsymbol{u}=(0.996,0.995,0.994,0.992,0.994)
$$

根据最大相对隶属度原则，方案 1－5 为全局最优方案（方案）。

7.3 在水利水电工程中的应用与实践

抽水蓄能电站在能源系统中具有重要位置，但其建设的排序问题，因考察的因素或指标众多，是一个相当复杂的问题，尤其是在普查与规划阶段。根据国内外已建、在建抽水蓄能电站的具体情况，选择参与评价的指标如下：

（1）抽水蓄能电站的本体每千瓦投资 c_1，直接反映了电站本体的经济性。

（2）配套输变电每千瓦投资 c_2，反映输变电线路距离的长短、电能损失的大小、电力潮流的合理性。

（3）电站水头 c_3，反映了电站枢纽，特别是机组投资的大小，在一定范围内水头越高电站造价越小。

（4）地形特征 c_4，通常以抽水蓄能电站的输水系统长度 L 与其水头 H 之比来反映。

（5）抽水蓄能电站的调峰系数 c_5，定义为最大出力与抽水功率之和对系统最大峰谷差的比值，反映电站调峰填谷能力，是建设抽水蓄能电站的主要目的。

(6) 电力系统总费用现值 c_6，是衡量经济性的重要因素。

(7) 施工工期 c_7，反映投资运行周转、资金的积压程度以及决定能否满足某一水平年系统对电源的要求。

(8) 蓄能机组的电力系统每千瓦年节煤量 c_8，反映了蓄能电站投入后火电机组运行特性的改善。

(9) 土建工程量与装机容量的比值 c_9，是反映施工难易程度的参数。

以上述指标为评价依据，总结国内广州、十三陵、天荒坪等抽水蓄能电站情况，分析确定了隶属函数，对辽宁省、黑龙江省的抽水蓄能电站规划站点进行优选，显然，这是一项很有实际意义的工作。为了与文献［25］应用的隶属函数之模糊综合评判模型的成果进行比较与分析，这里引用文献［25］辽宁省蒲石河等三站点的指标特征值，见表7.7。

表7.7　辽宁省三站点的指标特征值

项　目	单位	符号	青石岭	步云山	蒲石河
电站本体每千瓦投资	元/kW	DL	1236	1244	1132
配套输变电每千瓦投资	元/kW	DS	432	405	482
最大水头	m	H	427.3	287.2	337
地形指标		L/H	12.2	7.7	6.6
调峰系数		N_p	176×2/1064.3	100×2/1064.3	194×2/1064.3
系统总费用现值	亿元	NF	210	216	207
工期	年	T	6.75	5.25	6.75
系统年节煤量	t/kW	SC	62/176	34/100	80/194
每千瓦装机土建工程量	m³/kW	UD	682.64/176	468.98/100	717.27/194

根据表7.7有指标特征值矩阵：

$$\boldsymbol{X}=\begin{bmatrix} 1236 & 1244 & 1132 \\ 432 & 405 & 482 \\ 427.3 & 287.2 & 337 \\ 12.2 & 7.7 & 6.6 \\ 176\times 2/1064.3 & 100\times 2/1064.3 & 194\times 2/1064.3 \\ 210 & 216 & 207 \\ 6.75 & 5.25 & 6.75 \\ 62/176 & 34/100 & 80/194 \\ 682.64/176 & 468.98/100 & 717.27/194 \end{bmatrix}$$

由表7.7可知，在9项指标中越大越优型指标3项，越小越优型指标6项，故应用混合型指标的相对优属度公式，对矩阵 $\boldsymbol{X}$ 进行规格化，得到指标相对隶属度矩阵：

$$
\boldsymbol{R}=\begin{bmatrix}
0.916 & 0.910 & 1\\
0.938 & 1 & 0.840\\
1 & 0.672 & 0.789\\
0.541 & 0.857 & 1\\
0.907 & 0.515 & 1\\
0.986 & 0.958 & 1\\
0.778 & 1 & 0.778\\
0.854 & 0.825 & 1\\
0.953 & 0.788 & 1
\end{bmatrix}
$$

接下来确定指标权向量。为此应用重要性排序一致性二元比较矩阵定理，得到通过检验的上述 9 项指标的重要性排序一致性标度矩阵为

$$
\begin{array}{c}
 \\
c_1\\ c_2\\ c_3\\ c_4\\ c_5\\ c_6\\ c_7\\ c_8\\ c_9
\end{array}
\boldsymbol{F}=
\begin{array}{c}
\begin{matrix} c_1 & c_2 & c_3 & c_4 & c_5 & c_6 & c_7 & c_8 & c_9 \end{matrix}\\
\begin{bmatrix}
0.5 & 0.5 & 1 & 0 & 1 & 1 & 1 & 0 & 1\\
0.5 & 0.5 & 1 & 0 & 1 & 1 & 1 & 0 & 1\\
0 & 0 & 0.5 & 0 & 0 & 0 & 0 & 0 & 1\\
1 & 1 & 1 & 0.5 & 1 & 1 & 1 & 0.5 & 1\\
0 & 0 & 1 & 0 & 0.5 & 0 & 0 & 0 & 1\\
0 & 0 & 1 & 0 & 1 & 0.5 & 0 & 0 & 1\\
0 & 0 & 1 & 0 & 1 & 1 & 0.5 & 0 & 1\\
1 & 1 & 1 & 0.5 & 1 & 1 & 1 & 0.5 & 1\\
0 & 0 & 0 & 0 & 0 & 0 & 0 & 0 & 0.5
\end{bmatrix}
\end{array}
\begin{array}{c}
 \\
(3)\\ (3)\\ (8)\\ (1)\\ (7)\\ (6)\\ (5)\\ (1)\\ (9)
\end{array}
$$

根据矩阵 $\boldsymbol{F}$ 的重要性排序，运用经验知识，以排序为（1）的指标 c_4，逐个地与排序为其他序号的指标，做出重要性程度的二元比较判断。经过认真考虑认为：c_4 与 c_8 同样重要；c_4 与 c_1、c_2 相比，处于“稍稍”与“略为”重要之间；c_4 与 c_7 在“较为”与“明显”重要之间；c_4 与 c_6 相比，居于“明显”与“显著”重要之间；c_4 与 c_9 相比，居于“非常”与“极其”重要之间。根据以上运用专家的经验与知识做出的二元比较判断，得到 9 项指标的非归一化权向量

$$\boldsymbol{w}'=(0.739,0.739,0.212,1,0.250,0.379,0.481,1,0.143)$$

则归一化后的指标权向量为

$$\boldsymbol{w}=(0.150,0.150,0.043,0.202,0.050,0.077,0.097,0.202,0.029)$$

令 $\alpha=2$，$p=1$，应用模糊优选模型式（7.19）解得方案相对优属度向量

$$\boldsymbol{u}_1=(0.958,0.980,0.997)$$

令 $\alpha=2$，$p=2$，应用模型式（7.19）求得方案相对优属度向量

$$\boldsymbol{u}_2=(0.904,0.973,0.992)$$

再按 $\alpha=1$，$p=1$、2，解得的方案相对优属度向量为

$$\boldsymbol{u}_3=(0.827,0.875,0.945)$$

$$\boldsymbol{u}_4=(0.755,0.859,0.917)$$

四组参数的均值为

$$\overline{\boldsymbol{u}}=(0.861,0.922,0.963)$$

则辽宁省抽水蓄能电站三站点的排列顺序为蒲石河、步云山、青石岭。

将上述成果与文献［25］用模糊综合评判所得的结果做比较与分析。

文献［25］根据抽水蓄能电站的具体情况，分析国内外，尤其是广州、十三陵、天荒坪等已建、在建抽水蓄能电站情况，确定上述 9 项指标的隶属函数如下：

(1) $u(DL)=\begin{cases}1, & DL\leqslant 1000\\ 1-\dfrac{DL-1000}{1000}, & 1000<DL\leqslant 2000\\ 0, & DL>2000\end{cases}$

(2) $u(DL)=\begin{cases}1, & DL\leqslant 250\\ 1-\dfrac{DL-750}{750}, & 250<DL\leqslant 1000\\ 0, & DL>1000\end{cases}$

(3) $u(H)=\begin{cases}1-\mathrm{e}^{-9\times 10^{-6}(H-100)^2}, & H>100\\ 0, & H<100\end{cases}$

(4) $u(L/H)=\begin{cases}1, & L/H\leqslant 5\\ \dfrac{1}{2}-\dfrac{1}{2}\sin\dfrac{\pi}{1.5}(L/H-12.5), & 5<L/H\leqslant 20\\ 0, & L/H>20\end{cases}$

(5) $u(N_p)=N_p^{0.65}$

(6) $u(NF)=\begin{cases}0, & NF\geqslant 300\\ 1-\dfrac{NF-200}{100}, & 200\leqslant NF\leqslant 300\\ 1, & NF\leqslant 200\end{cases}$

(7) $u(T)=\begin{cases}1-\dfrac{T}{15}, & 0\leqslant T\leqslant 15\\ 0, & T>15\end{cases}$

(8) $u(SC)=\begin{cases}1, & SC>0.5\\ \dfrac{1}{0.5}\times SC, & SC\leqslant 0.5\end{cases}$

(9) $u(UD)=\begin{cases}1-\dfrac{UD}{9}, & UD\leqslant 9\\ 0, & UD>9\end{cases}$

并采用有经验的专家评定法确定 9 项指标的权向量为

$$\boldsymbol{w}=(0.15,0.15,0.04,0.20,0.05,0.08,0.10,0.20,0.03)$$

文献［25］根据确定的上述隶属度函数与表 7.7 数据得到辽宁省抽水蓄能电站三站点的指标隶属度矩阵

$$
\boldsymbol{R}^0=\begin{pmatrix}
0.764 & 0.756 & 0.868\\
0.757 & 0.793 & 0.691\\
0.619 & 0.270 & 0.397\\
0.531 & 0.922 & 0.912\\
0.487 & 0.337 & 0.519\\
0.900 & 0.840 & 0.930\\
0.550 & 0.650 & 0.550\\
0.705 & 0.680 & 0.825\\
0.569 & 0.479 & 0.731
\end{pmatrix}
$$

文献［25］应用模糊综合评判线性加权模型：

$$
\boldsymbol{B}=\boldsymbol{w}\cdot\boldsymbol{R}^0=\begin{pmatrix}
0.15\\ 0.15\\ 0.04\\ 0.20\\ 0.05\\ 0.08\\ 0.10\\ 0.20\\ 0.03
\end{pmatrix}^{\mathrm{T}}
\begin{pmatrix}
0.764 & 0.756 & 0.868\\
0.757 & 0.793 & 0.691\\
0.619 & 0.270 & 0.397\\
0.531 & 0.922 & 0.912\\
0.487 & 0.337 & 0.519\\
0.900 & 0.840 & 0.930\\
0.550 & 0.650 & 0.550\\
0.705 & 0.680 & 0.825\\
0.569 & 0.479 & 0.731
\end{pmatrix}=(0.669,0.727,0.774)
$$

式中：$\boldsymbol{B}$ 为综合评判值向量。

根据综合评判值向量可知，辽宁省抽水蓄能电站三站点的排序为蒲石河、步云山、青石岭，与本节的优选结果一致。但应用以相对隶属度为基础的可变模糊优选模型，不仅在确定相对隶属度时远比确定隶属度矩阵 $\boldsymbol{R}^0$ 简单，而且从理论上讲，应用可变模糊优选模型，使评价结果更为可信。

7.4 相似流域选择

7.4.1 概述

工程水文学经常要根据工程设计的需要，估算设计流域水文资料短缺及无资料地区的水文特征值。国内、国外主要采用水文比拟法。该法的关键是选择与设计流域相似程度高的相似流域。目前工程水文中关于相似流域的选择，基本上还是采用以水文分析计算人员的经验为主的定性分析方法，缺乏有效的定量计算模型。流域的相似与相异是模糊概念，因此相似流域的选择可利用模糊优选法。

7.4.2 方法介绍

设参证流域 F_{j} 对设计流域 F_{d} 相似性的隶属度为 u_j，相异性的隶属度为 u_j'。根据模糊集的余集定义，有

$$u_j^c=1-u_j \tag{7.26}$$

设有 m 个指标来衡量设计流域、参证流域的相似与相异。显然，对于设计流域 F_d 本身而言，指标 i 对相似的指标隶属度 $r_{id}=1$，对相异的指标隶属度 $r_{id}^c=0$，两者同样满足模糊集的余集定义，即

$$r_{id}^c=1-r_{id} \tag{7.27}$$

设设计流域与参证流域 m 个指标特征值向量为

$$\left.\begin{aligned}\vec{x}_d=(x_{1d},x_{2d},\cdots,x_{md})^T\\ \vec{x}_j=(x_{1j},x_{2j},\cdots,x_{mj})^T\end{aligned}\right\} \tag{7.28}$$

参证流域 F_j 与设计流域 F_d 就单指标 i 的相似性而言，若 $x_{ij}=x_{id}$，则 F_j 与 F_d 的单指标 i 的相似程度为1，即 F_j 的指标 i 对于相似的隶属度 $r_{ij}=1$。根据这一论点，可用式(7.29) 或式 (7.30)：

$$r_{ij}=\frac{x_{ij}}{x_{id}},\quad x_{ij}\leqslant x_{id} \tag{7.29}$$

$$r_{ij}=\frac{x_{id}}{x_{ij}},\quad x_{ij}\geqslant x_{id} \tag{7.30}$$

将参证流域指标特征值向量 $\vec{x}_j$ 变为相应的指标隶属度向量：$\vec{r}_j=(r_{1j},r_{2j},\cdots,r_{mj})^T$。它表示了 F_j 与 F_d 关于 m 个单指标之间的相似性。因 $x_{ij}=x_{id}$表示指标 i 的完全相似，$r_{ij}=1$。故用于 $x_{ij}\geqslant x_{id}$的式 (7.30) 反映了正相似，用于 $x_{ij}\leqslant x_{id}$的式 (7.29) 反映了负相似。当 x_{ij}、x_{id}相等时，由式 (7.29) 或式 (7.30) 均有 $r_{ij}=1$。

显然，对于设计流域 F_d 的 m 个指标隶属度向量应为

$$\vec{r}_d=(r_{1d},r_{2d},\cdots,r_{md})^T=(1,1,\cdots,1)^T \tag{7.31}$$

向量 $\vec{r}_d$ 不仅表示设计流域，而且描述了标准相似流域的 m 个指标隶属度。设 m 个指标权向量为

$$w=(w_1,w_2,\cdots,w_m)^T,\ \sum_{i=1}^{m}w_i=1 \tag{7.32}$$

广义权距离为

$$d(\vec{r}_j,\vec{r}_d)=\sqrt[p]{\sum_{i=1}^{m}(w_i\mid r_{ij}-r_{id}\mid)^p}=\sqrt[p]{\sum_{i=1}^{m}(w_i\mid r_{ij}-1\mid)^p} \tag{7.33}$$

$$d(\vec{r}_j,\vec{r}_d^c)=\sqrt[p]{\sum_{i=1}^{m}(w_i\mid r_{ij}-r_{id}^c\mid)^p}=\sqrt[p]{\sum_{i=1}^{m}(w_ir_{ij})^p} \tag{7.34}$$

分别表示了参证流域 F_j 与标准相似流域、标准相异流域的距离或差异。其中 p 为距离参数。

根据模糊集理论可将隶属度定义为权重，则加权广义权距离

$$D(\vec{r}_j,\vec{r}_d)=u_j\sqrt[p]{\sum_{i=1}^{m}(w_i\mid r_{ij}-1\mid)^p} \tag{7.35}$$

$$D(\vec{r}_j,\vec{r}_d^c)=u_d^c\sqrt[p]{\sum_{i=1}^{m}(w_ir_{ij})^p} \tag{7.36}$$

更完善地描述了参证流域 F_j 与标准相似流域、标准相异流域的差异。

为求解 u_j 的最优值建立目标函数：

$$\min\left\{F(u_j)=u_j^2\left[\sum_{i=1}^{m}w_i\mid r_{ij}-1\mid^p\right]^{2/p}+(1-u_j)^2\left[\sum_{i=1}^{m}(w_ir_{ij})^p\right]^{2/p}\right\} \tag{7.37}$$

由 $\frac{dF(u_j)}{du_j}=0$ 解得

$$u_j=\frac{1}{1+\left[\frac{\sum_{i=1}^{m}(w_i\mid r_{ij}-1\mid)^p}{\sum_{i=1}^{m}(w_ir_{ij})^p}\right]^{2/p}} \tag{7.38}$$

式（7.38）即是参证流域 F_j 与设计流域 F_d 相似的隶属度计算模型。w_i 可用有序二元比较法确定。

设有 n 个参证流域 $F_1,F_2,\cdots,F_m$，可有 $m\times n$ 阶参证流域指标特征值矩阵：

$$\boldsymbol{X}=(x_{ij}) \tag{7.39}$$

其中，$i=1,2,\cdots,m$；$j=1,2,\cdots,n$。

应用式（7.29）、式（7.30）将矩阵 $\boldsymbol{X}$ 变为相应的指标隶属度矩阵：

$$\underset{\sim}{\boldsymbol{R}}=(r_{ij}) \tag{7.40}$$

根据式（7.38）可解得 n 个参证流域对设计流域 F_d 相似的隶属度向量：

$$\vec{u}_j=(u_1,u_2,\cdots,u_n) \tag{7.41}$$

可选其中隶属度最大的参证流域为设计参证流域。也可考虑选最大隶属度比较接近的次大隶属度的参证流域为设计参证流域。

$\vec{u}_j$ 表示了 F_j 对 F_d 关于相似的最优隶属度，在供选择的 n 个参证流域范围内，它具有较大的离散性，根据$\vec{u}_j$ 易于选定设计参证流域，但它并不直接描述 F_j 与 F_d 指标序列的综合相似程度。为此，可根据模糊集中的贴近度概念，定义 F_j 与 F_d 的相似程度。F_j 与 F_d 的贴近度定义为

$$\sigma(\vec{r}_j,\vec{r}_d)=1-[d(r_j,r_d)]^p=1-\sum_{i=1}^{m}[w_i(r_{ij}-1)]^p \tag{7.42}$$

式中：$\sigma(\vec{r}_j,\vec{r}_d)$ 为 F_j 与 F_d 的贴近度，简记为 σ_j。

根据式（7.38）、式（7.42）有

$$u_j=\frac{1}{1+\left[\frac{1-\sigma_j}{\sum_{i=1}^{m}(w_ir_{ij})^p}\right]^{2/p}} \tag{7.43}$$

式（7.43）给出了 F_j、F_d 的贴近度与最优相对隶属度之间的关系。

模型式（7.38）原则上也可用于选择移置暴雨等水文气象相似问题。

7.4.3 实例

河北沿海诸河、滦河流域与潮白蓟运河水系的 12 个小河站的 11 项指标特征值列于表 7.8。滦河流域的沙河冷口站为设计流域，其余 11 个站位参证流域，要求选择设计参证流域。

表 7.8 设计与参证流域的指标特征

水系	河名	站名（序号）	流域面积 /km² (1)	主河道长 /km (2)	河道纵坡 /‰ (3)	流域长度 /km (4)	形状系数 (5)	6月平均雨量 /mm (6)	7月平均雨量 /mm (7)	8月平均雨量 /mm (8)	9月平均雨量 /mm (9)	年平均雨量 /mm (10)	地质条件 (11)	备注
滦河	沙河	冷口	502	57.2	3.6	38.4	0.34	85.4	297.2	215.7	59.9	779.5	Ⅰ	F_a
	不登河	边墙山（1）	562	43.9	8.6	39.0	0.37	54.4	119.9	102.1	51.7	396.9	Ⅲ	F_1
	兴隆河	小西山（2）	225	28.4	13.8	30.0	0.25	76.0	150.1	120.0	58.9	407.0	Ⅲ	F_2
	柳河南沟	李营（3）	25.2	10.3	12.1	9.4	0.29	83.2	230.0	158.4	57.5	639.0	Ⅰ	F_3
	瀑河	平泉（4）	372	29.7	7.8	21.6	0.78	77.4	149.6	121.6	49.8	512.9	Ⅱ	F_4
潮白蓟运河	黎河	前毛庄（5）	402	44.5	3.0	35.6	0.32	73.8	267.1	278.3	59.1	696.9	Ⅱ	F_5
	还乡河	崖口（6）	199	31.6	3.07	20.4	0.48	86.8	241.0	219.9	64.3	742.3	Ⅱ	F_6
河北沿海	石河	小陈庄（7）	560	65	4.2	44.0	0.29	58.1	243.8	193.1	80.4	683.0	Ⅰ	F_7
	东洋河	峪门口（8）	157	21.2	10.4	16.7	0.56	85.0	245.9	179.5	63.0	698.1	Ⅰ	F_8
	沙河	石佛口（9）	429	57.2	0.88	41.4	0.25	77.7	232.2	179.6	56.7	656.8	Ⅳ	F_9
	管河	黄家楼（10）	68	15	3.47	13.7	0.36	99.3	223.1	186.2	54.2	672.3	Ⅳ	F_{10}
	龙湾河	榛子镇（11）	128	22	4.0	25.2	0.20	90.7	214.6	188.2	49.7	675.5	Ⅳ	F_{11}

相似指标可选为流域的气象因子与代表下垫面特征的自然地理因子，可选为流域面积、主河道长、纵坡、流域长度、形状系数、地质条件、6—9月的平均降雨量。年平均降雨量等11项指标。表7.8中地质条件栏中，Ⅰ表示以石英岩、砂岩等脆性变质岩为主，间有断层和花岗岩侵入体；Ⅱ表示基岩上有第四沉积物覆盖，包气带较厚；Ⅲ表示以石灰岩和变质岩为主，较厚的第四沉积物覆盖；Ⅳ表示石灰岩岩溶地区，第四沉积物下有砾石、卵石层。因地质条件为定性指标，无特征值，经分析认为与设计流域沙河冷口站地质条件同属于Ⅰ者，其指标相对隶属度为1，差异最大的Ⅳ指标相对隶属度为0；Ⅱ、Ⅲ的指标相对隶属度分别为0.8、0.3。

根据表7.8可知设计流域10项定量指标特征值向量为

$$\vec{x}_d=(x_{1d},x_{2d},\cdots,x_{10d})^T=(502,57.2,3.6,38.4,0.34,85.4,297.2,215.7,59.9,779.5)^T$$

设计流域第11项指标为定性指标：地质条件Ⅰ。11个参证流域的10项定量指标特征值矩阵为

$$\boldsymbol{X}_{10\times 11}=\begin{bmatrix} 562 & 225 & 25.2 & 372 & 402 & 199 & 560 & 157 & 429 & 68 & 128 \\ 43.9 & 28.4 & 10.3 & 29.7 & 44.5 & 31.6 & 65 & 21.2 & 57.2 & 15 & 22 \\ 8.6 & 13.8 & 12.1 & 7.8 & 3.0 & 3.07 & 4.2 & 10.4 & 0.88 & 3.47 & 4.0 \\ 39.0 & 30.0 & 9.4 & 21.6 & 35.6 & 20.4 & 44.0 & 16.7 & 41.4 & 13.7 & 25.2 \\ 0.37 & 0.25 & 0.29 & 0.78 & 0.32 & 0.48 & 0.29 & 0.56 & 0.25 & 0.36 & 0.20 \\ 54.4 & 76.0 & 83.2 & 77.4 & 73.8 & 86.8 & 58.1 & 85.0 & 77.7 & 99.3 & 90.7 \\ 119.9 & 150.1 & 230.0 & 149.6 & 267.1 & 241.0 & 243.8 & 245.9 & 232.2 & 223.1 & 214.6 \\ 102.1 & 120.0 & 158.4 & 121.6 & 278.3 & 219.9 & 193.1 & 179.5 & 179.6 & 186.2 & 188.2 \\ 51.7 & 58.9 & 57.5 & 49.8 & 59.1 & 64.3 & 80.4 & 63.0 & 56.7 & 54.2 & 49.7 \\ 396.9 & 407.0 & 639.0 & 512.9 & 696.9 & 742.3 & 683.0 & 698.1 & 656.8 & 672.3 & 675.5 \end{bmatrix}$$

11 个参证流域的地质条件用集合表示为 $G=\{\text{Ⅲ},\text{Ⅲ},\text{Ⅰ},\text{Ⅱ},\text{Ⅱ},\text{Ⅱ},\text{Ⅰ},\text{Ⅰ},\text{Ⅳ},\text{Ⅳ},\text{Ⅳ}\}$。

该定性指标的相对隶属度向量按上面分析为

$$\boldsymbol{r}_i=(r_1,r_2,\cdots,r_{11})=(0.3,0.3,1.0,0.8,0.8,0.8,1.0,1.0,0,0,0),i=11$$

应用式（7.29）、式（7.30）将定量指标特征值变为相应的指标相对隶属度，并与定性指标（地质条件）相对隶属度向量合在一起，得到 11 个参证流域的 11 项指标的 11×11 阶指标隶属度矩阵：

$$\boldsymbol{R}_{11\times11}=\begin{bmatrix}0.893 & 0.448 & 0.050 & 0.741 & 0.801 & 0.396 & 0.896 & 0.313 & 0.855 & 0.135 & 0.255\\ 0.767 & 0.497 & 0.180 & 0.519 & 0.778 & 0.552 & 0.880 & 0.371 & 1.000 & 0.262 & 0.385\\ 0.419 & 0.261 & 0.298 & 0.462 & 0.833 & 0.853 & 0.857 & 0.346 & 0.244 & 0.964 & 0.900\\ 0.985 & 0.781 & 0.245 & 0.563 & 0.927 & 0.531 & 0.873 & 0.435 & 0.928 & 0.357 & 0.656\\ 0.919 & 0.735 & 0.853 & 0.436 & 0.941 & 0.708 & 0.853 & 0.607 & 0.735 & 0.944 & 0.588\\ 0.637 & 0.890 & 0.974 & 0.906 & 0.864 & 0.984 & 0.680 & 0.995 & 0.910 & 0.860 & 0.942\\ 0.403 & 0.505 & 0.774 & 0.503 & 0.899 & 0.811 & 0.820 & 0.827 & 0.781 & 0.751 & 0.722\\ 0.473 & 0.556 & 0.734 & 0.564 & 0.775 & 0.981 & 0.895 & 0.832 & 0.833 & 0.863 & 0.873\\ 0.863 & 0.983 & 0.960 & 0.831 & 0.987 & 0.932 & 0.745 & 0.951 & 0.947 & 0.905 & 0.830\\ 0.509 & 0.522 & 0.820 & 0.658 & 0.894 & 0.952 & 0.876 & 0.896 & 0.843 & 0.862 & 0.867\\ 0.300 & 0.300 & 1.000 & 0.800 & 0.800 & 0.800 & 1.000 & 1.000 & 0 & 0 & 0\end{bmatrix}$$

距离参数 p 可取等于 1 的海明距离或者等于 2 的欧氏距离。在一般情况下，两者所选的设计参证流域是一致的。海明距离是距离形式中最简单的一种，不仅有代表性，而且简明。故本例取 $p=1$ 的海明距离。

考虑所取的 11 个相似指标均为流域的气象与自然地理因子，它们对相似流域的选择有着大致相同的作用，故指标权向量取为等权重，即 $w_i=\dfrac{1}{11}$，$i=1,2,\cdots,11$。于是可得

$$u_j=\frac{1}{1+\left\{\dfrac{\left[\sum\limits_{i=1}^{m}(|r_{ij}-1|)\right]^2}{\sum\limits_{i=1}^{m}r_{ij}}\right\}}=\frac{1}{1+\left[1-\dfrac{m}{\sum\limits_{i=1}^{m}r_{ij}}\right]}\quad m=11 \tag{7.44}$$

由矩阵 $\boldsymbol{R}_{11\times11}$ 求得各列之和，以向量表示为

$$\begin{aligned}\boldsymbol{A}&=(A_1,A_2,\cdots,A_{11})\\&=(7.168,6.478,6.888,6.983,9.499,8.500,9.375,7.573,8.076,6.903,7.018)\end{aligned}$$

式中 $A_j=\sum\limits_{j=1}^{11}r_{ij}$，$j=1,2,\cdots,11$。

将有关数据代入式（7.44）得到 11 个参证流域的最优相对隶属度向量，表示为

$$\vec{u}=(u_1,u_2,\cdots,u_{11})=(0.78,0.67,0.74,0.75,0.98,0.92,0.97,0.83,0.88,0.74,0.76)$$

根据以上计算结果，可选参证流域 F_5 黎河前毛庄站为设计参证流域。如该水文站实测系列的长度不如参证流域 F_7 石河小陈庄站，也可选石河小陈庄站为设计参证流域，因两者的相对隶属度相差不大。当然也可考虑同时选择黎河前毛庄、石河小陈庄站为设计参

证流域。

由于流域相似性概念所具有的模糊性，传统水文分析计算中的水文比拟法无法考虑概念本身的不确定性。因此，长期以来，水文比拟法选择相似流域仍停留在经验型分析判断的水平上，缺少相对统一的理论上比较严谨的定量计算方法。本节介绍的选择相似流域的模糊集计算模型与方法，可以克服以经验分析为主的水文比拟法的不足，使水文比拟法在理论与方法上有所提高和发展。

7.5　在降雨产品选择中的应用

7.5.1　概述

随着遥感和计算机技术的迅速发展，至今已有许多精度较高的降雨产品，如遥感数据产品（PERSIANN[28]、GPCP[29]、CMORPH[30]、TMPA[31]等）、再分析数据产品（美国国家环境预报中心的NCEP系列、欧洲中期数值预报中心的ERA系列、日本JRA-25等）和同化数据产品（全球陆面数据同化系统GLDAS[32]）等，它们的时间尺度为3～24h，空间尺度为0.25°～2.5°。其中有不少降雨产品已达到可替代站点降雨数据的程度，为无资料或缺资料地区的水文模型输入提供了可利用的降雨信息。

目前相关学者对降雨产品在水文模型中的驱动效果已做了较多分析研究，主要可分为两类。第一类是只检验和评价某一种降雨产品的精度和水文适用性。在这类研究中，使用最广泛的是TMPA 3B42V6数据，该数据已被证明有较高的精度且可用作流域水文模拟的输入数据。然而由于TMPA 3B42V6数据已于2011年停止更新，其替代版本的数据精度尚未得到广泛的验证，因此需要进一步开展与新版本TMPA 3B42V7数据相关的研究。第二类是对比评价多种降雨产品的精度和水文适用性，如Jiang等将TMPA 3B42V6、TMPA 3B42RT和CMORPH数据分别输入到栅格新安江模型中，对比了3种降雨产品的精度和在水文模拟中的适用性；Stisen等研究了TMPA 3B42V6、CMORPH、CPC-FEWS V2、PERSIANN和CCD数据在分布式水文模型中的预报能力；Wang等研究了GLDAS/Noah和JRA-25数据对分布式水文模型WEB-DHM的驱动效果。以上研究结果表明，格点降雨产品有着一定的精度且在水文模拟中有其应用潜力。但是，不同类型的降雨产品在不同的区域有不同的精度和不同的水文模拟适用性，因此，针对特定的区域选择出最适合的降雨产品就显得尤为重要。Vu M T等基于SWAT模型研究了APHRODITE、TRMM、GPCP、PERSIANN、GHCN2和NCEP/NCAR等降雨产品在越南DakBla河流域的可用性，Tobin K J等基于SWAT模型对MPE、TMPA-RT、TRMM3B42-V6和CMORPH等降雨产品在美国7个流域进行了水文模拟，表明SWAT模型可用于评价降雨产品的水文适用性。

7.5.2　实例

1. *研究流域概况*

浑江流域位于124°43′E～126°50′E，40°40′N～42°15′N，流域面积为14776km²。浑

江发源于长白山系龙岗山脉的老爷岭南麓，是鸭绿江右侧的最大支流，全长 432km，自东北向西南流经吉林、辽宁两省。桓仁水库位于浑江中游，坝址以上河流长 247km，控制流域面积为 $10400km^2$，属温带季风型大陆性气候，流域多年平均降雨量为 876mm，多年平均流量为 $148m^3/s$，年内降水分配不均，主要集中在汛期（7—9 月）。流域内共有 10 个雨量站，5 个气象站（包括周边）。桓仁水库是大型不完全年调节水库，是浑江梯级水库群龙头水库，其下游回龙、太平哨是日调节电站，所以其径流预报精度对整个水库群的发电和防洪效益有着重大的影响。

2. 降雨产品

（1）TMPA 降雨产品数据。热带测雨卫星 TRMM（tropical rainfall measuring mission）由美国航空航天局（National Aeronautics and Space Administration，NASA）和日本宇宙航空研究开发机构（Japan Aerospace Exploration Agency，JAXA）共同研制，于 1997 年发射升空。TRMM 卫星提供的多种降雨产品，已开始应用于水文模拟、洪水预报、降雨侵蚀力计算、天气尺度波分析、日降水变化特征分析等方面。

TMPA 是 TRMM 的多卫星降雨分析产品，本节所使用的 TMPA 3B42V7 数据为 TMPA 3B42 的最新版本数据，至今相关的研究还比较少。其空间分辨率是 0.25°×0.25°，时间分辨率是 3h，数据系列为 1998 年至今，可从 NASA 网站上获得。为便于和站点实测数据进行对比，将 3h 数据整编成相应的日降雨和月降雨数据。

（2）GLDAS 降雨产品数据。GLDAS（global land data assimilation system）是由美国航空航天局和美国海洋大气局（National Oceanic and Atmospheric Administration，NOAA）联合发展的一个全球高分辨率离线陆面模拟系统，融合了来自地面和卫星的观测数据，以提供最优化近实时的地表状态变量，其模拟产生的驱动数据集在全球范围内得到了广泛使用。

本节所使用的 GLDAS 数据为 GLDAS _ NOAH025SUBP _ 3H，其空间分辨率是 0.25°×0.25°，时间分辨率是 3h，数据系列为 2000 年 2 月 24 日至今，可从 NASA 网站上获得。为便于和站点实测数据进行对比，将 3h 数据整编成相应的日降雨和月降雨数据。

（3）ERA - Interim 数据。ERA - Interim 是欧洲中期天气预报中心（European Centre for Medium - Range Weather Forecasts，ECMWF）提供的全球大气数值预报再分析数据，是继 ERA - 40 等资料后的新产品。ERA - Interim 采用四维变分分析，水平分辨率为 0.75°×0.75°，每天 0：00、6：00、12：00 和 18：00 分别发布步长为 3h、6h、9h 和 12h 的预报值，数据系列为 1979 年至今，可从 ECMWF 网站上获得。为便于和站点实测数据进行对比，将 3h 数据整编成相应的日降雨和月降雨数据。

3. 插值方法

（1）反距离加权法。反距离加权法认为与待估点距离最近的若干个已知样点对待估点值的贡献最大，且其贡献与距离成反比。计算公式如下：

$$z=\frac{\sum_{i=1}^{T}\frac{1}{(D_i)^p}z_i}{\sum_{i=1}^{n}\frac{1}{(D_i)^p}} \tag{7.45}$$

式中：z 为待估点的估计值；T 为用于插值的已知样点的个数；z_i 为第 i 个已知样点的格点值；D_i 为第 i 个已知样点到待测点的距离；p 为距离的幂，通常取为 2。

（2）双线性插值法。双线性插值法利用待估点四周最近的 4 个网格点，在两个方向上分别进行线性内插得到待估点的值。这种方法计算简单，结果较平滑且具有较高的精度，计算公式如下所示：

$$z=\frac{(y_2-y)(x_2-x)}{(y_2-y_1)(x_2-x_1)}z_1+\frac{(y_2-y)(x-x_1)}{(y_2-y_1)(x_2-x_1)}z_2+\frac{(y-y_1)(x_2-x)}{(y_2-y_1)(x_2-x_1)}z_3+\frac{(y-y_1)(x-x_1)}{(y_2-y_1)(x_2-x_1)}z_4 \tag{7.46}$$

式中：z 为待估点的估计值；(x, y) 为待估点的经纬度；z_1、z_2、z_3、z_4 为待估点四周的 4 个网格点的值；(x_1, y_1)、(x_2, y_1)、(x_1, y_2)、(x_2, y_2) 分别为 z_1、z_2、z_3、z_4 的经纬度。

（3）最近格点法。最近格点法是使用距离待估点最近的网格点的值作为待估点的值。

4. 评价指标及优选模型

3 种降雨产品的模拟精度采用平均误差 ME、均方根误差 $RMSE$、相关系数 CC 和相对误差 $Bias$ 定量评价。SWAT 模型的模拟结果使用纳什系数 NSE、相关系数 CC 和相对误差 $Bias$ 进行评价。其中平均误差 ME 和均方根误差 $RMSE$ 用来衡量实测值与模拟值间的误差量；相关系数 CC 衡量实测值与模拟值相关性程度；相对误差 $Bias$ 与纳什系数 NSE 评价实测值与模拟值的拟合程度，其中 NSE 取值范围为 $-\infty\sim1$，取值为 1 时拟合效果最好。各指标计算如式（7.47）～式（7.51）所示。

$$ME=\frac{1}{N}\sum_{i=1}^{N}(sim_i-obs_i) \tag{7.47}$$

$$RMSE=\sqrt{\frac{1}{N}\sum_{i=1}^{N}(obs_i-sim_i)^2} \tag{7.48}$$

$$CC=\frac{\sum_{i=1}^{N}(obs_i-\overline{obs})(sim_i-\overline{sim})}{\sqrt{\sum_{i=1}^{N}(obs_i-\overline{obs})^2(sim_i-\overline{sim})^2}} \tag{7.49}$$

$$Bias=\frac{\sum_{i=1}^{N}(sim_i-obs_i)}{\sum_{i=1}^{N}obs_i}\times100\% \tag{7.50}$$

$$NSE=1-\frac{\sum_{i=1}^{N}(obs_i-sim_i)^2}{\sum_{i=1}^{N}(obs_i-\overline{obs})^2} \tag{7.51}$$

式中：obs_i 为第 i 时段的实际值；sim_i 为第 i 时段的模拟值；$\overline{obs}$ 为整个系列中实际值的平均值；$\overline{sim}$ 为整个系列中模拟值的平均值。其中的实际值是指实际降雨和实际流量过程，模拟值则是指 3 种降雨产品的降雨和模拟的流量过程。

模糊优选模型。设有 n 个方案，每个方案有 m 个评价指标，则可得方案的指标特征值矩阵 $\boldsymbol{X}$：

$$\boldsymbol{X}=\begin{bmatrix} x_{11} & x_{12} & \cdots & x_{1n} \\ x_{21} & x_{22} & \cdots & x_{2n} \\ \cdots & \cdots & \ddots & \cdots \\ x_{m1} & x_{m2} & \cdots & x_{mn} \end{bmatrix}=(x_{ij}) \tag{7.52}$$

式中：x_{ij}为方案 j 指标 i 的特征值，$i=1,2,\cdots,m$；$j=1,2,\cdots,n$。

由于各指标特征值的量纲不同，需要进行规格化。越大越优型和越小越优型指标特征值的规格化公式分别为式（7.53）和式（7.54）：

$$r_{ij}=\frac{x_{ij}}{\max\limits_{j}x_{ij}+\min\limits_{j}x_{ij}} \tag{7.53}$$

$$r_{ij}=1-\frac{x_{ij}}{\max\limits_{j}x_{ij}+\min\limits_{j}x_{ij}} \tag{7.54}$$

式中：r_{ij}为方案 j 指标 i 的相对隶属度，$i=1,2,\cdots,m$；$j=1,2,\cdots,n$。

经过规格化处理，指标特征值矩阵 $\boldsymbol{X}$ 变换为相对隶属度矩阵 $\boldsymbol{R}=(r_{ij})$。

设 m 个指标的权重向量为 $\boldsymbol{W}=(w_1,w_2,\cdots,w_m)^{\mathrm{T}}$，且满足 $\sum\limits_{i=1}^{m}w_i=1$，则方案 j 的相对隶属度为 u_j，可用式（7.55）表示：

$$u_j=\frac{1}{1+\left[\dfrac{\sum\limits_{i=1}^{m}(w_i\mid r_{ij}-1\mid)^p}{\sum\limits_{i=1}^{m}(w_i r_{ij})^p}\right]^{\frac{2}{p}}} \tag{7.55}$$

式中：p 为可变距离参数，本节取 $p=2$。

式（7.55）即为模糊优选模型，最终求得 n 个方案的相对隶属度 $\boldsymbol{U}=(u_1,u_2,\cdots,u_n)$，根据最大隶属度原则，可选出较优的方案。

在应用式（7.55）时，其方案具体指格点插值方法和降雨产品方案。

5. 结果分析

（1）降雨产品可替代性评价。利用降雨产品驱动水文模型模拟实际径流过程，会经受降雨产品格点数据转换为站点降雨数据等误差干扰。为尽量减少降雨输入误差的影响，需要首先分析不同转换方法下的降雨产品数据模拟精度，同时对转换方法和降雨产品的可替代性进行评价。

分别选用反距离加权法、双线性插值法和最近格点法等 3 种插值方法获得站点的 GLDAS、TMPA 和 ERA - Interim 值。3 种插值方法对应 3 种降雨产品模拟精度的评价指标计算结果见表 7.9。由表 7.9 可知，3 种插值方法所得的 GLDAS 的 *ME* 及 *Bias* 指标值均为负值，存在低估实际降雨现象，从防洪调度安全的角度，此降雨产品不宜替代该研究流域的降雨。

表 7.9　3种降雨产品不同时间尺度下各插值方法的评价指标及相对隶属度值

降雨类型	插值方法	日尺度					月尺度				
		ME /mm	*RMSE* /mm	*CC*	*Bias* /%	*u*	*ME* /mm	*RMSE* /mm	*CC*	*Bias* /%	*u*
GLDAS	反距离加权法	−0.17	3.99	0.82	−7.00		−5.15	26.44	0.96	−7.00	
	双线性插值法	−0.18	3.95	0.82	−7.14		−5.25	26.25	0.96	−7.14	
	最近格点法	−0.14	4.11	0.81	−5.54		−4.07	27.91	0.96	−5.54	
TMPA	反距离加权法	0.13	4.26	0.81	5.63	0.51	4.14	15.64	0.98	5.63	0.51
	双线性插值法	0.13	4.17	0.82	5.48	0.52	4.03	15.46	0.98	5.48	0.52
	最近格点法	0.14	4.39	0.81	5.96	0.48	4.38	16.19	0.98	5.96	0.48
ERA-Interim	反距离加权法	0.19	3.50	0.86	7.93	0.52	5.83	23.43	0.96	7.93	0.53
	双线性插值法	0.18	3.51	0.85	7.46	0.53	5.48	23.16	0.96	7.46	0.54
	最近格点法	0.23	3.56	0.85	9.78	0.47	7.19	24.84	0.96	9.78	0.46

为确定适合该流域的插值方法，以 *ME*、*RMSE*、*CC* 和 *Bias* 为特征指标构建3种插值方法的模糊优选模型，其中，*RMSE* 为越小越优型指标，*CC* 为越大越优型指标，因TMPA和ERA-Interim的3种插值方法下的 *ME* 和 *Bias* 值均为正值，故 *ME* 和 *Bias* 也可看作越小越优型指标。与 *ME* 和 *Bias* 相比，*RMSE* 和 *CC* 分别指预报值与实测值的离散程度和相关程度，是人们比较关心的指标，应给予较高的权重。因此，将4个指标的权重向量取为 $\boldsymbol{W}=(0.1,\ 0.4,\ 0.3,\ 0.2)^{\mathrm{T}}$。利用式（7.55）可求得各方法的相对隶属度，见表7.9中的 u 值。按照方案相对隶属度最大原则，选定双线性插值法为较适合该流域的插值方法。

（2）水文模拟适用性评价。为评价TMPA和ERA-Interim两种可替代降雨产品在水文模拟中的适用性，将1970—1971年作为模型的预热期，将1972—2000年作为模型的率定期，将2001—2012作为模型的验证期。率定期所用的降雨数据为实测降雨，在验证期中共设定3种情景：①用实测降雨数据驱动模型；②用TMPA降雨数据驱动模型；③用ERA-Interim降雨数据驱动模型。

率定期和验证期实际降雨模拟的日流量和月流量过程的评价指标值见表7.10。若参照文献[33]，将 $-20\%<Bias<20\%$、$CC>0.6$、$NSE>0.5$ 作为模拟指标的检验标准，由表7.10可见，率定期和验证期的实际降雨模拟结果均为可接受的，即说明SWAT模型可用于该流域的降雨径流模拟。

在评价降雨产品在水文模拟中的适用性时，还应考虑到降雨产品转换为站点数据的误差。因此本节以表7.10中验证期实际降雨模拟结果为基准，考虑20%的允许误差，得到降雨产品的日和月模拟应分别满足的适应性标准：$-20\%<Bias<20\%$，$CC\geqslant 0.6$，$NSE\geqslant 0.45$；$-20\%<Bias<20\%$，$CC\geqslant 0.74$，$NSE\geqslant 0.67$。

由表7.10可见，2种降雨产品日流量模拟的 *Bias* 和 *CC* 都满足此适用性评价标准，但ERA-Interim的 *NSE* 却未达标。从日流量过程的模拟结果（表7.10和图7.2）可看出，TMPA的模拟结果更接近实际流量过程，*Bias* 为10.88%，*CC* 为0.69，*NSE* 为

0.46。两种降雨产品的月模拟结果都达到了适用性评价标准的要求，从月流量过程的模拟结果（表 7.10 和图 7.3）可看出，TMPA 和 ERA - Interim 降雨产品的模拟值与实测流量过程的拟合效果均较好，*Bias* 分别为 11.03% 和 9.27%，*CC* 分别为 0.89 和 0.84，*NSE* 分别为 0.78 和 0.70，模拟结果亦反映出了流量过程的季节性变化。

表 7.10　水文模拟率定期和验证期的评价指标值及降雨产品方案的相对隶属度值

时段	降雨类型	日尺度				月尺度			
		Bias/%	*CC*	*NSE*	*u*	*Bias*/%	*CC*	*NSE*	*u*
率定期	实际降雨	−1.08	0.73	0.54		−1.04	0.92	0.85	
验证期	实际降雨	3.09	0.75	0.56		3.22	0.92	0.84	
	TMPA	10.88	0.69	0.46	0.51	11.03	0.89	0.78	0.53
	ERA - Interim	9.11	0.66	0.44	0.49	9.27	0.84	0.70	0.47

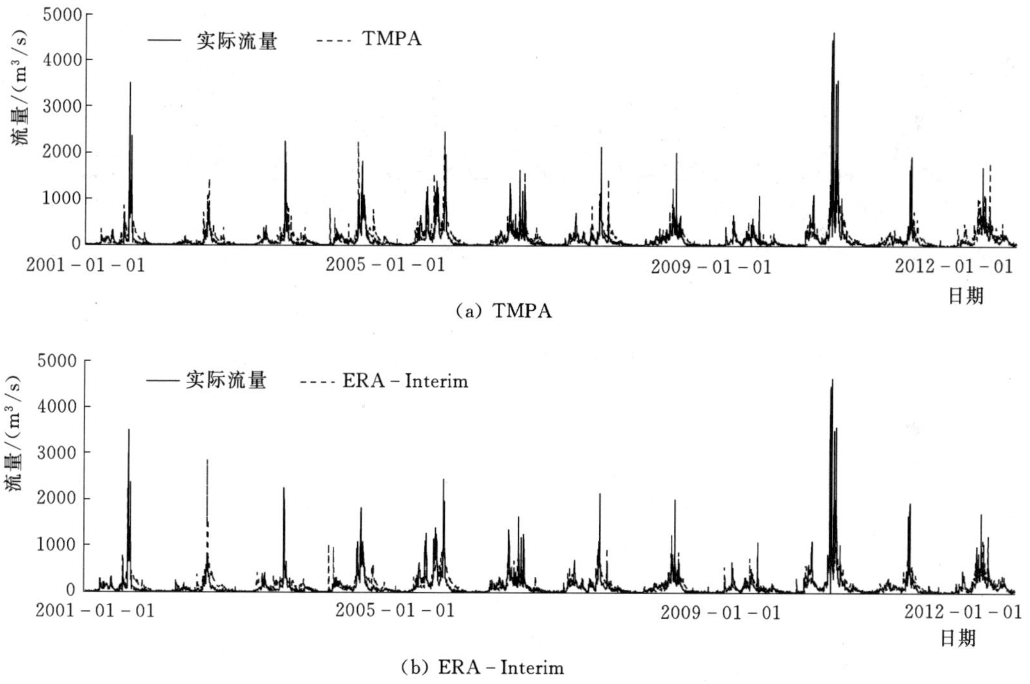

图 7.2　实测日流量过程和两种降雨产品模拟的日流量过程图

为最终选出适用性较优的降雨产品，以 *Bias*、*CC* 和 *NSE* 为特征指标构建降雨产品的多指标模糊优选模型，其中，*Bias* 为越小越优型指标，*CC* 和 *NSE* 为越大越优型指标。在水文模拟中，预报值与实测值过程的拟合程度比较重要，因此，将 3 个指标的权重向量取为 $\boldsymbol{W}=(0.2,\ 0.3,\ 0.5)^T$。利用式（7.55）求得 TMPA 和 ERA - Interim 的相对隶属度，列入表 7.2 的 *u* 值列。按照方案相对隶属度最大原则，选择 TMPA 为该流域水文模拟适用性较优的产品。这表明 TMPA 降雨数据可用于相当流域尺度的水文模拟中，也可为无资料地区的研究提供一种降雨数据来源。

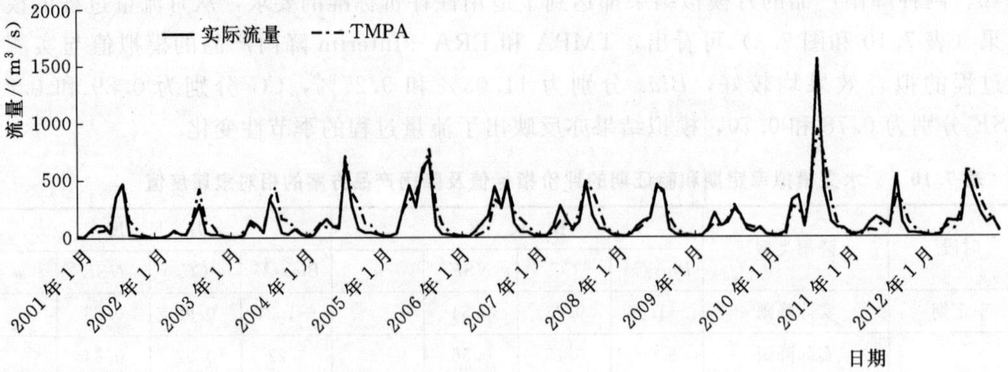

(a) TMPA

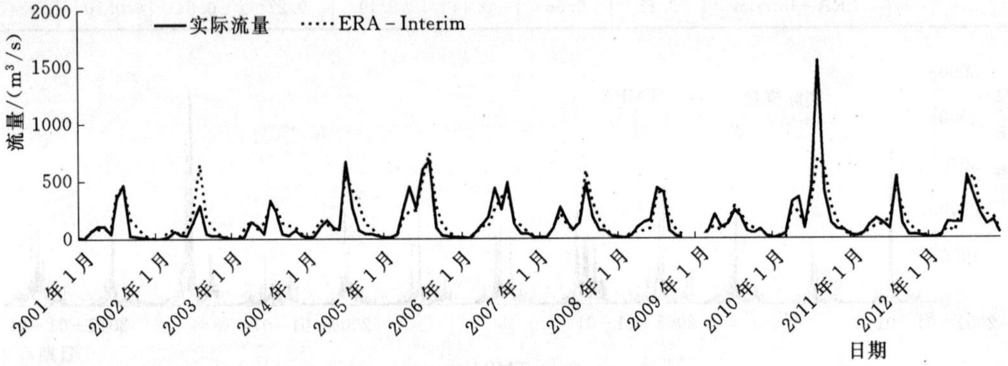

(b) ERA－Interim

图 7.3　实测月流量过程和两种降雨产品模拟的月流量过程图

第 8 章　模糊优选神经网络模型在水资源价值评价中的应用

8.1　概述

随着社会经济的发展和人口的增长，水资源短缺已经逐渐成为制约社会经济快速发展的关键因素，因此，对其价值的研究应将其放在经济、社会、生态大环境中，这样可为管理者确定城市水价提供科学合理的依据，避免水资源需求的过度膨胀。为了定量说明城市水资源在经济社会发展中的提升空间，最大限度地发挥水资源的潜在价值，实现水资源的高效利用，许多研究者在水资源价值分析评价方面已经做了大量的有意义工作。如：李金昌[34,35]、胡长暖[36]、姜文来等[37-39]关于水资源价值评价理论的研究，为水资源价值评价模型的建立打下了坚实的基础；韦林均等[40]运用模糊层次分析法确定各评价指标权重，建立基于模糊层次分析法定权的水资源价值灰色评价模型，为水资源价值评价提供了有效的途径；张国珍等[41]运用模糊评价方法对兰州市水资源价值进行评价，其成果为济南市水资源价格的制定以及水资源的可持续发展提供了科学依据；董胜男等[42]根据评价区的实际情况选取水资源价值评价指标，建立了评价标准，选取两组权重，运用模糊可变评价模型对济南市水资源价值进行了综合评价。但在利用可变模糊集法评价水资源价值时，其关键是权重的确定，权重选择方法的不同会对评价结果的优劣和准确度产生较大影响。因而，为了避免可变模糊综合评价中平方准则、距离参数权重方法选取上主观性的不足，本章尝试将模糊优选神经网络模型运用到水资源价值评价中，通过神经网络的自学习功能，将专家打分确定权重的工作转化为网络的变结构调整过程，并以此获得指标权重，减少人为因素的影响，以提高水资源价值评价结果的准确性和可靠性。以济南市水资源价值评价为例，并将评价结果与可变模糊集法相比较，结果表明模糊优选神经网络模型具有适应性好、准确度高、人为干扰因素少的优点。

8.2　模糊优选神经网络模型

1. 神经网络模型

人工神经网络是一种应用类似于大脑神经突触联接的结构进行信息处理的数学模型，是对生物神经网络进行仿真化的结果。神经网络模型并不能全面、真实地反映人类大脑的神经网络系统，而是经过简化、抽象和模拟之后形成的网络系统，是在人类对其大脑神经网络认识理解的基础上，通过人工构造实现某种功能的网络系统。它具有学习能力、记忆能力、计算能力以及智能处理功能。

2. 模糊优选模型

由于客观事物本身在很多情况下都没有公认的标准，为了使决策的效果更加切合实际，陈守煜教授提出了模糊优选模型，其公式为

$$u_{1j}=\left\{1+\left[\frac{\sum_{i=1}^{n}(w_i\mid r_{ij}-1\mid)^p}{\sum_{i=1}^{m}(w_i r_{ij})^p}\right]^{\frac{\alpha}{p}}\right\}^{-1} \tag{8.1}$$

式（8.1）是样本 j 对1级（优级）的相对隶属度。当模型中的参数 $\alpha=2$，$p=1$ 时，式（8.1）变为陈守煜教授在文献［25］中给出的描述神经网络系统中神经元的激励函数模型：

$$\mu_{1j}=\left\{1+\left[\frac{1-\sum_{i=1}^{n}w_i r_{ij}}{\sum_{i=1}^{n}w_i r_{ij}}\right]^2\right\}^{-1}=\left[1+\left(\frac{d_{jg}}{d_{jb}}\right)^2\right]^{-1}=\left[1+\left(\frac{1-d_{jb}}{d_{jb}}\right)^2\right]^{-1} \tag{8.2}$$

式中：w_i 为各个指标的权向量；r_{ij} 为样本 j 的第 i 个指标特征值对待识别（或评价）模糊概念 $\underset{\sim}{A}$ 的相对隶属度；$d_{jg}=\sum_{i=1}^{m}w_i(1-r_{ij})=1-\sum_{i=1}^{m}w_i r_{ij}$、$d_{jb}=\sum_{i=1}^{m}w_i(r-0_{ij})=\sum_{i=1}^{m}w_i r_{ij}$ 分别为样本 j 和“优”与“劣”的广义海明权距离，$d_{ig}+d_{jb}=1$。

3. 模糊优选神经网络[43]

由于在主观定权过程中缺乏统一的标准，很难摆脱专家主观意识不一致所造成的影响，因此可利用神经网络模型的自学习能力，建立模糊优选神经网络模型，以提高综合评价结果的客观性。陈守煜在可变模糊集理论相关著作中阐明了模糊优选模型的神经网络激励函数，是可变模糊集模型中选择优化准则参数 $\alpha=2$、距离参数 $p=1$ 的可变模糊识别模型。模糊优选神经网络模型一般采用3层结构，分别为输入层、隐含层和输出层。利用模糊优选神经网络模型得到水资源价值综合评价值 $\boldsymbol{V}$，代表了水资源价值在各个评价等级上的隶属度，可反映水资源价值。

4. 水资源价值模糊综合指数的计算

在计算得到水资源综合评价值 $\boldsymbol{V}$ 时，为了直观地反映水资源的综合价值，利用式（8.3）将 $\boldsymbol{V}$ 转化为模糊综合指数：

$$\boldsymbol{W}=\boldsymbol{V}\cdot\boldsymbol{T} \tag{8.3}$$

式中：$\boldsymbol{W}$ 为水资源价值模糊综合评价指数；$\boldsymbol{V}$ 为水资源价值综合评价值；$\boldsymbol{T}$ 为水资源价值评价等级向量，$\boldsymbol{T}=(1,2,3,4,5)$。

水资源价值模糊综合评价指数是将反映水资源价值不同层次的各种因素综合起来，能够综合反映与水资源有关的诸要素，可宏观反映水资源的状况。该指数是大于1小于最大级别值的无量纲数，因此，可对不同地区的水资源价值进行比较。模糊综合指数越小，水资源价值越高；反之，水资源价值越低。

8.3 建模原理及步骤

水资源价值评价模糊优选神经网络模型采用三层拓扑结构，输入层为所需要评价的指标，输出层为水资源价值的级别。

设已知待评价对象的 m 个指标特征值向量为

$$\boldsymbol{X}=(x_1,x_2,\cdots,x_m)=(x_i) \tag{8.4}$$

其中 i 为评价指标序号，$i=1,2,\cdots,m$。依据 m 个指标 c 个级别的指标的标准值矩阵：

$$\boldsymbol{I}_{ab}=\begin{bmatrix}[a,b]_{11} & [a,b]_{12} & \cdots & [a,b]_{1c}\\ [a,b]_{21} & [a,b]_{22} & \cdots & [a,b]_{2c}\\ \vdots & \vdots & \ddots & \vdots\\ [a,b]_{n1} & [a,b]_{n2} & \cdots & [a,b]_{nc}\end{bmatrix}=([a,b]_{ih}) \tag{8.5}$$

式中：$\boldsymbol{I}_{ab}$ 为指标的标准值矩阵；$i=1,2,\cdots,n$，$h=1,2,\cdots,c$（m 为评价指标数，c 为级别数）。

评价步骤如下。

（1）根据 $\boldsymbol{I}_{ab}$ 中各级指标标准值区间两侧相邻区间的上下限值确定 $\boldsymbol{I}_{cd}$。

$$\boldsymbol{I}_{cd}=\begin{bmatrix}[c,d]_{11} & [c,d]_{12} & \cdots & [c,d]_{1c}\\ [c,d]_{21} & [c,d]_{22} & \cdots & [c,d]_{2c}\\ \vdots & \vdots & \ddots & \vdots\\ [c,d]_{n1} & [c,d]_{n2} & \cdots & [c,d]_{nc}\end{bmatrix}=([c,d]_{ih}) \tag{8.6}$$

式中：$\boldsymbol{I}_{cd}$ 为指标范围值矩阵；$i=1,2,\cdots,n$，$h=1,2,\cdots,c$。

（2）依据式（8.7）指标 i 的实际情况，确定指标 i 对应级别 h 的矩阵 $\boldsymbol{M}$。

$$\boldsymbol{M}=\begin{cases}a_1 , & h=1\\ \dfrac{c-h}{c-1}a_h+\dfrac{h-1}{c-1}b_h , & 1<h<c\\ b_c , & h=c\end{cases} \tag{8.7}$$

$$\boldsymbol{M}=\begin{bmatrix}m_{11} & m_{12} & \cdots & m_{1c}\\ m_{21} & m_{22} & \cdots & m_{2c}\\ \vdots & \vdots & \ddots & \vdots\\ m_{m1} & m_{m2} & \cdots & m_{mc}\end{bmatrix}=(m_{ih}) \tag{8.8}$$

（3）应用相对差异函数式（8.9）和式（8.10）以及矩阵 $\boldsymbol{I}_{ab}$、$\boldsymbol{I}_{cd}$、$\boldsymbol{M}$ 中的对应数据计算指标 i 对应级别 h 的相对隶属度矩阵。

设 M 为吸引域区间 $[a,b]$ 中的一点，x 为 X 吸引域区间 $[a,b]$ 区间内的任意点，则 x 落入 M 点左侧时 $D_A(u)$ 的计算公式为

$$\left.\begin{aligned}D_A(u)&=\left(\frac{x-a}{M-a}\right)^{\beta}, \quad x\in[a,M]\\ D_A(u)&=-\left(\frac{x-a}{c-a}\right)^{\beta}, \quad x\in[c,a]\end{aligned}\right\} \tag{8.9}$$

当 x 落入 M 点右侧时 $D_A(u)$ 的计算公式为

$$\left.\begin{aligned} D_A(u) &= \left(\frac{x-b}{M-b}\right)^{\beta}, \quad x\in[M,b] \\ D_A(u) &= -\left(\frac{x-b}{d-b}\right)^{\beta}, \quad x\in[b,d] \end{aligned}\right\} \tag{8.10}$$

式中：β 取值为1。

式（8.9）和式（8.10）满足：①当 $x=a$、$x=b$ 时，$D_A(u)=0$；②当 $x=M$ 时，$D_A(u)=1$；③当 $x=c$、$x=d$ 时，$D_A(u)=-1$。符合相对差异函数的定义。$D_A(u)$ 确定以后，可求解相对隶属度 $\mu_A(u)$。

$$\mu_A(u)=\frac{1+D_A(u)}{2} \tag{8.11}$$

当 x 不落在区间［c，d］时，$D_A(u)=-1$，$\mu_A(u)=0$，得到相对隶属度矩阵：

$$\boldsymbol{\mu}_A(\boldsymbol{u})=\begin{bmatrix} \mu_A(u)_{11} & \mu_A(u)_{12} & \cdots & \mu_A(u)_{1c} \\ \mu_A(u)_{21} & \mu_A(u)_{22} & \cdots & \mu_A(u)_{2c} \\ \vdots & \vdots & \ddots & \vdots \\ \mu_A(u)_{m1} & \mu_A(u)_{m2} & \cdots & \mu_A(u)_{mc} \end{bmatrix}=[\mu_A(u)_{ih}] \tag{8.12}$$

（4）要求各级别的相对隶属度之和为1，则需将计算出的 $\mu_A(u)_{ih}$ 做归一化处理，可得到归一化的相对隶属度矩阵：

$$\boldsymbol{\mu}'_A(\boldsymbol{u})=\begin{bmatrix} \mu'_A(u)_{11} & \mu'_A(u)_{12} & \cdots & \mu'_A(u)_{1c} \\ \mu'_A(u)_{21} & \mu'_A(u)_{22} & \cdots & \mu'_A(u)_{2c} \\ \vdots & \vdots & \ddots & \vdots \\ \mu'_A(u)_{m1} & \mu'_A(u)_{m2} & \cdots & \mu'_A(u)_{mc} \end{bmatrix}=[\mu'_A(u)_{ih}] \tag{8.13}$$

（5）生成网络训练样本。由于标准样本将水资源价值分为五类，即Ⅰ、Ⅱ、Ⅲ、Ⅳ、Ⅳ类，本节利用 *random* 函数对5组样本进行随机差值，计算公式为

$$x=rand()\cdot(b-a)+a \tag{8.14}$$

式中：b 为级别区间上限值；a 为级别区间下限值。

每类生成50个样本，共生成样本250个。取1、2、3、4、5分别作为Ⅰ～Ⅴ类这五类水资源价值的期望输出，对样本进行标准化处理，为避免工作在函数的平坦区域，需将样本转化到0.1～0.9。设 $x_{\max}$、$x_{\min}$ 为每组样本数据的最大值和最小值，可利用式（8.15）生成标准化样本数据。

$$x'=0.1+0.8\,\frac{x-x_{\min}}{x_{\max}-x_{\min}} \tag{8.15}$$

（6）选取各个层次神经元个数。根据本节水资源价值评价指标的具体情况，确定该模型输入层的个数为5个。水资源价值评价输出为水资源价值等级，用1、2、3、4、5分别代表水资源价值的五个等级，故该模型输出层单元个数为1个。

隐含层的个数可通过下面公式确定：

$$\text{隐含层神经元数}=\frac{\text{输入层神经元数}+\text{输出层神经元数}}{2}$$

或　　　　　隐含层神经元数=(输入层神经元数×输出层神经元数)$^{1/2}$

由此可确定隐含层的个数为 3 个。所以该模型的三层神经网络拓扑结构中，输入层的个数为 5 个，隐含层的个数为 3 个，输出层的个数为 1 个。

确定模型参数后，即可用模型进行计算。对于输入层，为原始数据；而对于隐含层，其输入值计算公式为

$$I_k = \sum_{i=1}^{m} w_{ik} u_{\underset{\sim}{A}}(u_{ih}) \tag{8.16}$$

式中：w_{ik} 为输入层与隐含层之间的计算权重。

输出为

$$u_k = \left(1 + \left\{\left[\sum_{i=1}^{m} w_{ik} u_{\underset{\sim}{A}}(u_{ih})\right]^{-1} - 1\right\}^2\right)^{-1} = [1 + (I_k^{-1} - 1)^2]^{-1} \tag{8.17}$$

权重调整公式为

$$w_{ik}(n+1) = w_{ik}(n) + \Delta w_{ik}(n+1) + \alpha \Delta w_{ik}(n) \tag{8.18}$$

式中：n 为迭代次数；α 为动量算子。

设样本 j 的期望输出为 $M(u_{pj})$，其平方误差为

$$E = \frac{1}{2n}\sum_{j=1}^{n} E_j = \frac{1}{2n}\sum_{j=1}^{n}[u_{pj} - M(u_{pj})]^2 \tag{8.19}$$

输入层节点 i 与隐含层节点 k 的连接权重的调整量为

$$\Delta w_{ik} = 2\eta r_{ij} w_{kp} u_{kj}^2 \left[\frac{1 - \sum_{i=1}^{m} w_{ik} r_{ij}}{\left(\sum_{i=1}^{m} w_{ik} r_{ij}\right)^3}\right] \delta_{pj} \tag{8.20}$$

其中

$$\delta_{pj} = 2u_{pj}^2 \left[\frac{1 - \sum_{k=1}^{l} w_{kp} u_{kj}}{\left(\sum_{k=1}^{l} w_{kp} u_{kj}\right)^3}\right][M(u_{pj}) - u_{pj}]$$

输出层的输入为

$$I_h = \sum_{k=1}^{l} w_{kh} u_k \tag{8.21}$$

输出为

$$u'_h = \left\{1 + \left[\left(\sum_{k=1}^{l} w_{kh} u_k\right)^{-1} - 1\right]^2\right\}^{-1} = [1 + (I_h^{-1} - 1)^2]^{-1} \tag{8.22}$$

权重调整公式为

$$w_{kp}(n+1) = w_{kp}(n) + \Delta w_{kp}(n+1) + \alpha \Delta w_{kp}(n) \tag{8.23}$$

隐含层节点 k 与输出层节点 p 的连接权重调整量为

$$\Delta w_{kp} = 2\eta u_{pj}^2 u_{kj} \left[\frac{1 - \sum_{k=1}^{l} w_{kp} u_{kj}}{\left(\sum_{i=1}^{m} w_{kp} u_{kj}\right)^3}\right][M(u_{pj}) - u_{pj}] \tag{8.24}$$

式中：η 为学习效率。

(7) 将指标相对隶属度值输入网络，根据网络训练样本的生成方法对网络进行训练，确定神经网络的参数，将实际的指标相对隶属度作为网络系统的输入，从而计算出最终的综合相对隶属度，确定水资源价值级别。

(8) 训练网络训练样本生成权重的过程如下。

1) 根据式 (8.14) 生成训练样本，用式 (8.15) 计算出规格化的样本值，用规格化的样本值作为训练样本。

2) 随机产生模糊优选神经网络的输入层与隐含层、隐含层与输出层的连接权重。

3) 利用式 (8.16)、式 (8.17)、式 (8.21)、式 (8.22) 计算训练样本的输出结果，运用式 (8.19) 计算其平方误差 E。

4) 设定模糊优选神经网络的收敛判定准则。若 $E \leqslant \varepsilon$ (ε 为网络训练精度)，则网络训练结束，转入 7)，否则，进入下一步。

5) 运用式 (8.20)、式 (8.24) 计算连接权重的调整值。然后，利用式 (8.13)、式 (8.18) 计算各层之间新的连接权重。

6) 继续利用式 (8.16)、式 (8.17)、式 (8.21)、式 (8.22) 以及新的连接权重计算样本的实际输出值，在按照式 (8.19) 计算网络的平方误差。然后进行网络的收敛判断，如果满足其准则，则转入 7)，否则，转入 5)。

7) 输出满足训练精度的网络连接权重值，将计算出的相对隶属度作为网络的输入值，然后运用式 (8.16)、式 (8.17)、式 (8.21)、式 (8.22) 计算指标的实际输出结果。

(9) 运用级别特征值的方法确定样本所属级别。

$$H = \sum_{h=1}^{c} u_h h \tag{8.25}$$

其中

$$u_h = u'_h / \sum_{h=1}^{c} u'_h$$

8.4 评价研究

8.4.1 评价指标

水资源价值的影响因素包括自然因素、经济因素和社会因素，根据各影响因素的代表性和相关性，以及济南市可获得的实际资料，确定济南市水资源价值评价指标为水质 X_1、人均水资源量 X_2、人均 GDP X_3、万元 GDP 用水量 X_4、人口密度 X_5 五项指标。

水质综合指数由《济南市水资源公报 (2005)》中公布的相关数据计算得到，依据 GB 3838—2002《地表水环境质量标准》和 GB/T 14848—93《地下水质量标准》确定等级标准。人均国民生产总值标准通过对济南市 2005 年人均 GDP 调查得到。人均水资源量标准采用瑞典水文学家 Malin Falkenmark 提出的水紧缺指标 (water - stress index)。人口密度标准由 2005 年全国各省、直辖市、自治区统计数据的等级划分得到。济南市水资源价值评价标准和各项指标统计值见表 8.1。

表 8.1 济南市水资源价值评价标准

评价指标	评价标准					统计值
	高	较高	中等	较低	低	
X_1	0～0.2	0.2～0.4	0.4～0.7	0.7～1.0	1.0～2.0	0.5
X_2/m^3	0～400	400～800	800～1200	1200～2000	2000～3000	379
X_3/美元	15000～9266	9266～5000	5000～3126	3126～1500	1500～557	3858
X_4/m^3	0～50	50～100	100～500	500～1000	1000～2000	79
X_5/(人/km^2)	7000～5000	5000～3800	3800～2600	2600～1400	1400～200	1814

8.4.2 建模评价结果

(1) 已知待评价样本的特征值向量为

$$\boldsymbol{X}=(x_1,x_2,\cdots,x_5)=(0.5,379,3858,79,1814)$$

(2) 由上述公式可得到归一化的相对隶属度矩阵：

$$\boldsymbol{\mu}'_A(\boldsymbol{u})=\begin{bmatrix} 0 & 0.250 & 0.625 & 0.125 & 0 \\ 0.474 & 0.526 & 0 & 0 & 0 \\ 0 & 0.141 & 0.641 & 0.214 & 0 \\ 0.164 & 0.609 & 0.227 & 0 & 0 \\ 0 & 0 & 0.120 & 0.652 & 0.228 \end{bmatrix}=[\mu'_A(u)_{ih}]$$

(3) 运用生成的训练样本对网络进行训练，训练结果见表 8.2。

表 8.2 模糊优选神经网络连接权重训练结果

级别	连接权重 w					
	w_{1k}	w_{2k}	w_{3k}	w_{4k}	w_{5k}	w_k
级别 1	0.1733	0.42	0.2266	0.8502	0.7916	0.1572
	0.1169	0.718	0.7071	0.4956	0.489	0.7199
	0.2971	0.6638	0.399	0.3773	0.8297	0.1298
级别 2	0.4848	0.6519	0.292	0.6352	0.7524	0.3965
	0.1558	0.2356	0.6263	0.7514	0.9217	0.1482
	0.6271	0.9622	0.8998	0.9455	0.1708	0.4616
级别 3	0.7707	0.6989	0.9365	0.8448	0.1943	0.8118
	0.9075	0.5688	0.3616	0.841	0.2666	0.11
	0.2793	0.9337	0.7008	0.8963	0.7563	0.0855
级别 4	0.9255	0.8184	0.9442	0.3354	0.2996	0.0974
	0.6345	0.6687	0.3771	0.5232	0.1557	0.6842
	0.51	0.8386	0.311	0.7012	0.5488	0.2233
级别 5	0.4032	0.7261	0.574	0.2661	0.4199	0.5527
	0.2793	0.7012	0.7109	0.457	0.3881	0.4572
	0.1349	0.9713	0.2667	0.6489	0.6349	0.0104

经过计算，可得模糊优选神经网络最终输出结果为2.440。与文献［42］应用可变模糊集对济南市水资源价值进行评价的结果的比较见表8.3。从表8.3中可以得出，模糊优选神经网络与可变模糊集方法得到的济南市水资源价值评价相同，位于较高与中等水平之间，这说明济南市水资源价值还有提升的空间。

表8.3　两种评价模型结果比较

水资源价值评价模型	可变模糊集	可变模糊优选神经网络
水资源价值评价结果	2.535	2.440

8.5　结论

水资源价值评价能综合考虑影响水资源价值的各种因素，可对水资源的实际状况给予综合评定，能为管理者确定城市水价提供科学合理的依据。本节引入模糊优选神经网络模型，以济南市水资源价值评价为例进行实例分析，并与可变模糊集方法进行对比，结果表明模糊优选神经网络评价模型适应性好，准确度高，能够避免可变模糊综合评价模型中平方准则和距离参数选取上主观性强的不足，可在工程实际中推广应用。

参考文献

[1] A Z L. Fuzzy Sets [J]. Information and Control，1965 (8)：338 - 353.

[2] 陈守煜. 可变模糊集合理论与可变模型集 [J]. 数学的认识与实践，2008，38 (18)：146 - 153.

[3] 陈守煜. 模糊水文学与水资源系统模糊优化原理 [M]. 大连：大连理工大学出版社，1990.

[4] 马寅午，周晓阳，尚金成，等. 防洪系统洪水分类预测优化调度方法 [J]. 水利学报，1997 (4)：2 - 9.

[5] 许武成，王文，黎明. 嘉陵江流域洪水等级的建议划分标准 [J]. 自然灾害学报，2005，14 (3)：51 - 55.

[6] 魏一鸣，金菊良，杨存建. 洪水灾害风险管理理论 [M]. 北京：科学出版社，2002.

[7] 董前进，王先甲，艾学山，等. 基于投影寻踪和粒子群优化算法的洪水分类研究 [J]. 水文，2007，27 (4)：10 - 14.

[8] 陈守煜. 模糊模式识别交叉迭代模型与收敛性 [J]. 大连理工大学学报，2001，41 (3)：264 - 267.

[9] 孙雪岚，胡春宏. 河流健康评价指标体系初探 [J]. 泥沙研究，2008 (4)：21 - 27.

[10] 胡春宏，陈建国，孙雪岚，等. 黄河下游河道健康状况评价与治理对策 [J]. 水利学报，2008 (10)：1189 - 1196.

[11] 杨文慧. 河流健康的理论构架与诊断体系的研究 [D]. 南京：河海大学，2007.

[12] 陈守煜. 基于可变模糊集的辩证法三大规律数学定理及其应 [J]. 大连理工大学学报，2010，5 (50)：838 - 844.

[13] 秦莉云，金忠青. 淮河流域水资源承载能力的评价分析 [J]. 水文，2001 (3)：14 - 17.

[14] 陈守煜. 复杂水资源系统优化模糊识别理论与应用 [M]. 长春：吉林大学出版社，2002.

[15] 潘峰，付强，梁川. 模糊综合评价在水环境质量综合评价中的应用研究 [J]. 环境工程，2002，20 (2)：58 - 60.

[16] 梁虹，荀志远. 可拓学理论在水质量综合评价中的应用研究 [J]. 环境污染治理技术与设备，2004，5 (7)：25 - 29.

[17] 蔡文，杨春燕，林伟初. 可拓工程方法 [M]. 北京：科学出版社，1997.

[18] Wisner B，Blaikie P M，Cannon T，et al. At risk：natural hazards，people's vulnerability and disasters [M]. New York：Routledge，2003.

[19] 刘兰芳. 衡阳市农业水旱灾害风险评价与风险管理研究 [D]. 长沙：湖南农业大学，2007.

[20] 王广月，刘健. 围岩稳定性的模糊物元评价方法 [J]. 水利学院，2004 (5)：20 - 24.

[21] 陆兆溱，王京，吕亚平. 模糊模式识别法在围岩稳定性分类上的应用 [J]. 河海大学学报，1991 (6)：97 - 101.

[22] 康志强，冯夏庭，周辉. 基于层次分析法的可拓学理论在地下洞室岩体质量评价中的应用 [J]. 岩石力学与工程学报，2006，25 (增刊 2)：3687 - 3693.

[23] 吴大国，汪明武，张薇薇. 基于集对分析的围岩稳定性评价 [J]. 西部探矿工程，2008 (2)：6 - 7.

[24] 陈守煜. 工程模糊集理论与应用 [M]. 北京：国防工业出版社，1998.

[25] 陈守煜. 可变模糊集理论与模型及其应用 [M]. 大连：大连理工大学出版社，2009.

[26] 原文林，黄强，吴泽宁. 模糊物元模型在水库正常蓄水位优选中的应用 [J]. 人民黄河，2010

(6)：95－97.

［27］ 大连理工大学，国家防汛抗旱总指挥办公室. 水库防洪预报调度方法及应用［M］. 北京：中国水利水电出版社，1996.

［28］ Sorooshian S，Hsu K，Gao X，et al. Evaluation of PERSIANN system satellite－based estimates of tropical rainfall ［J］. Bulletin of the American Meteorological Society，2000，81 (9)：2035－2046.

［29］ Adler R F，Bolvin D，Gruber A，et al. The version－2 global precipitation climatology project (GPCP) monthly precipitation analysis (1979－present) ［J］. Journal of Hydrometeorology，2003，4 (6)：1147－1167.

［30］ Joyce R J，Janowiak J E，Arkin P A，et al. CMORPH：a method that produces global precipitation estimates from passive microwave and infrared data at high spatial and temporal resolution ［J］. Journal of Hydrometeorology，2004，5 (3)：487－503.

［31］ Huffman G J，Adler R F，Bolvin D T，et al. The TRMM multisatellite precipitation analysis (TMPA)：quasi－global，multiyear，combined－sensor precipitation estimates at fine scales ［J］. Journal of Hydrometeorology，2007，8 (1)：38－55.

［32］ Rodell M，Houser P R，Jambor U E A，et al. The global land data assimilation system ［J］. Bulletin of the American Meteorological Society，2004，85 (3)：381－394.

［33］ 郝芳华，程红光，杨胜天. 非点源污染模型：理论方法与应用［M］. 北京：中国环境科学出版社，2006.

［34］ 李金昌. 自然资源核算初探［M］. 北京：中国环境科学出版社，1990.

［35］ 李金昌. 自然资源价值理论和定价方法的研究［J］. 中国人口·资源与环境，1991 (1)：29－33.

［36］ 胡长暖. 资源价格研究［M］. 北京：中国物价出版社，1993：17－18.

［37］ 姜文来，王华东. 我国水资源价值研究的现状与展望［J］. 地理学与国土研究，1996 (1)：1－5.

［38］ 姜文来，武霞，林桐枫. 水资源价值模型评价研究［J］. 地球科学进展，1998 (2)：67－72.

［39］ 姜文来. 水资源价值论［M］. 北京：海洋出版社，1990.

［40］ 韦林均，伏小勇，陈学民. 基于模糊AHP法定权的水资源价值灰色评价模型及其应用［J］. 给水排水，2006 (11)：93－95.

［41］ 张国珍，李毅华，褚润. 兰州市水资源价值计算研究［J］. 干旱区资源与环境，2008 (4)：108－112.

［42］ 董胜男，孙秀玲，徐晓儒. 模糊可变评价模型在水资源价值评价中的应用［J］. 人民黄河，2009 (11)：54－55.

［43］ 陈守煜，李敏. 可变模糊优选神经网络综合评价模型［J］. 水电能源科学，2006 (6)：5－8.